# FRANÇAIS DES TECHNOLOGIES SIMPLIFIÉ

## 简明工程技术法语

沈光临 邱枫 赵雪意>>>> 编著

U0377432

东华大学出版社·上海

**图书在版编目 (CIP) 数据**

简明工程技术法语 / 沈光临，邱枫，赵雪意编著. —上海：东华大学出版社，2018.8
ISBN 978-7-5669-1454-5

I. ①简… II. ①沈… ②邱… ③赵… III. ①工程技术—词汇—法语 IV. ①TB-61

中国版本图书馆 CIP 数据核字（2018）第 177760 号

**简明工程技术法语**
FRANÇAIS DES TECHNOLOGIES SIMPLIFIÉ

沈光临　邱　枫　赵雪意　编著

策　　划　东华晓语
责任编辑　沈　衡
版式设计　顾春春
封面设计　903 工作室


东华大学出版社
上海市延安西路 1882 号，200051
网址：http://www.dhupress.net
天猫旗舰店：http://dhdx.tmall.com
营销中心：021-62193056　62373056　62379558
投稿信箱：83808989@qq.com
常熟大宏印刷有限公司印刷

开本 850 mm × 1168 mm　1/32　印张 9.5　字数 389,000　印数 3001-5000 册
2018 年 8 月第 1 版　2024 年 6 月第 2 次印刷

ISBN 978-7-5669-1454-5
定价：48.00 元

前　言

　　"一带一路"倡议得到世界上越来越多国家的响应，我国在全球法语国家承担的工程技术项目数量也迅速增长。多年来，工程技术法语语言服务人才一直供不应求，而很多法语专业毕业生却难于专业对口就业。为适应法语人才市场需求的变化，各高校法语专业纷纷开设"法语＋"课程，工程技术法语为其中之一。

　　工程技术法语是指在法语国家承担一个工程技术项目，从招投标到工程验收财务结算整个流程中所使用的法语。工程技术法语课程紧扣法语人才市场需求，通过用法语学习工程技术知识的方式，旨在培养具备法语＋工程技术知识的复合型人才。《简明工程技术法语》是三位作者发挥双师型教师的特长，根据多年从事翻译工作的实践经验，并在反复征求数位目前尚在非洲从事工程技术项目工作的法语从业人员意见基础上编写而成。本教材在编写过程中不仅考虑到学生的学习难度，也同时兼顾到了部分教师可能没有工程技术法语翻译从业经验的现实，而且也遵循了工程技术法语人才职业生涯发展三阶段的规律，因此具有实用性强的特点。

　　工程技术并不确指某个具体的行业，因为每个行业都包含有工程技术。但工程技术知识可分为通用工程技术知识和专门工程技术知识。前者是指每个行业都会涉及的工程技术知识，如机械、动力、水电、仪表控制、产供销、人事工资、财务税务等，这些方面的知识应该是每个企业或工程项目都不可或缺的；后者是指仅在某一个行业出现的工程技术知识，如建筑中的女儿墙、山墙、挡土墙、剪力墙、防火墙，又如石油行业的油捕等。教材的前半部分主要学习通用工程技术知识，后半部分主要为专门工程技术知识。为提高针对性，本教材重点突出了土建工程部分，其内容细化，篇幅占比大。同时，为展望未来，与时俱进，本书编写有"区块链"一课，供教学时选用。

在教材编写中，我们力求突出三个特点：真实性、实践性和信息化。素材尽量选取真正在实际工作中使用的、学生在将来的翻译工作中必然会涉及的资料文件，如投标保函、工资单、合同、设计说明书、一个公路标段的招标书和投标书等。教材的编排和设计注重培养学生的实践能力，力求达到学生学完之后，就能翻译类似的资料文件，能够在翻译中利用所学的原理和术语正确进行中法文互译的目的。如培养学生利用互联网查询专业技术资料和术语解释的能力，通过设计在互联网上的找图练习，帮助学生对专业名词建立图式记忆，通过要求学生以电子文档完成作业这种方式，使学生在校期间就接触并学会今后实际工作中运用微机正确处理中法文文字的方式。

本教材适合于大学法语专业三、四年级的学生使用。教材共 32 课，供两学期使用，每周一课，四个学时。教学时可参考《工程技术法语翻译实务》，并结合法语国家的发展变化，增加介绍法语国家的内容，以便帮助学生作出更好的择业决定。

每课分五个部分，课文、注释、词汇、练习和阅读。课文分两种，大多是该主题下真实的工作文件资料，另一种是原理介绍，可助学生全面了解该行业，指导其今后的翻译工作。课文中的专业术语和缩写等，主要采用注解的方式，法文注释，中文译文。词汇主要选择在该主题下、有特别表意的词进行注解。练习主要是中法文互译和网上找图，特别注重翻译量的积累，因为一定的翻译量有助于翻译能力的提高。另外，个别练习对学生而言有一定难度，老师在讲解课文时，应提前进行适当的铺垫辅导。最好每课从了解练习的要求开始，其实看完练习基本上就可以了解本课的教学目的和内容。阅读是课文的延续或完善，有的是对主题的深化，有些是该专业的术语集，有的甚至就是课文的未完部分。有愿意深入学习的同学，可把阅读文章当作课文二来学习。

工程技术法语的教材问世很少，参考资料难找，没有同类教材可以借鉴。又由于作者的水平所限，难免有不足或不妥之处，望同行不吝赐教。

作者于 2018 年 6 月 28 日于青城山

# 目录

第一课 说明书

# Mode d'emploi

# Groupe électrogène diesel

Schéma du groupe électrogène diesel de la version ouverte (Voir Fig.1, Fig.2)

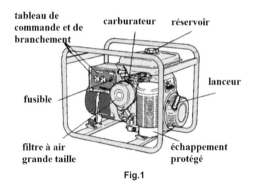

tableau de commande et de branchement

carburateur

réservoir

fusible

lanceur

filtre à air grande taille

échappement protégé

Fig.1

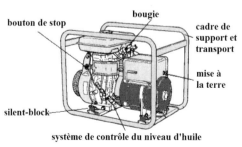

bouton de stop

bougie

cadre de support et transport

mise à la terre

silent-block

système de contrôle du niveau d'huile

Fig.2

Schéma du groupe électrogène diesel de la version insonorisée (Voir Fig.3)

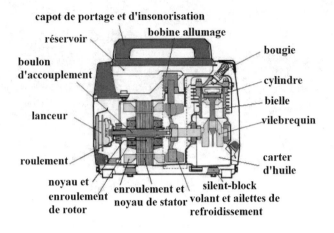

**Fig.3**

# 1. Mise en marche

<u>1.1 Démarrage électrique</u>

- Vérifier que le câble de terre soit bien raccordé à la vis (Une vis spéciale marquée par le symbole ⏚ permet de relier toutes les parties métalliques du groupe électrogène à la terre).
- Mettre le contacteur sur la position « ON ».
- Ouvrir le robinet de carburant sur position « ON ».
- Tourner la clé de contact dans le sens des aiguilles d'une montre vers « START ».
- Retirer votre main de la clé de contact lorsque le moteur diesel démarre.

**ATTENTION :**

Ne pas faire démarrer le moteur trop longtemps pour ne pas faire baisser la tension de l'accumulateur et pour ne pas faire gripper le moteur de démarrage.

<u>1.2 Démarrage manuel</u>

Saisir la poignée du lanceur puis la tirer lentement jusqu'à sentir une certaine résistance, puis faire revenir lentement la poignée contre le lanceur. Ressaisir la poignée du lanceur puis tirer fortement et rapidement sur la poignée (à 2 mains si nécessaire).

**ATTENTION :**

- Ne jamais faire fonctionner le groupe électrogène sans filtre à air ;
- Ne jamais faire fonctionner le groupe électrogène si le capotage n'est pas en place ;
- Ne jamais enlever le capotage si le groupe électrogène est en fonctionnement.

**2. Arrêt**

- Débrancher les prises pour laisser tourner le moteur à vide pendant 1 à 2 minutes.
- Placer le contacteur de marche/arrêt sur « ARRET », le groupe s'arrête.

**ATTENTION :**

Avant l'arrêt, débrancher tous les appareils électriques. En particulier dans le cas de la version insonorisée, il est important de la laisser fonctionner pendant quelques minutes sans charge avant d'éteindre le moteur. Après l'arrêt du groupe, le moteur même éteint continue à dégager de la chaleur. La ventilation appropriée du groupe doit être assurée après l'arrêt. Pour arrêter le groupe d'une façon urgente, placer le contacteur de marche/arrêt sur arrêt.

# 3. Entretien périodique

| | | A chaque utilisation | 1er mois ou 10 premières heures | 3 mois ou 25 h | 6 mois ou 50 h | 1 an ou 100 h | 2 ans ou 300 h |
|---|---|---|---|---|---|---|---|
| Huile moteur | Vérifier le niveau | | • | | | | |
| | Renouveler | | • | | • | | |
| Filtre à air | Vérifier | • | | | | | |
| | Nettoyer | | | •(1) | | | |
| Bougie d'allumage | Vérifier-Nettoyer | | | | | • | |
| | Remplacer | | | | | | • |
| Nettoyage du Groupe | | | | | • | | |
| Soupapes (2) | Vérifier-Régler | Une fois par an | | | | | |
| Filtre carburant (2) | Nettoyer | Une fois par an | | | | | |
| Alternateur | Vérifier | Toutes les 500 h (l'état d'usure des balais) | | | | | |
| Moteur | | Indication dans le manuel d'utilisation et d'entretien du moteur | | | | | |
| Circuit de refroidissement | Vérifier | • | | | | | |

(1) Plus fréquemment si les conditions d'utilisation sont sévères.

(2) Ces opérations doivent être confiées à un de nos agents.

## Lexique

le schéma   示意图

le groupe électrogène   发电机组

ouvert, e   *a.* 开盖式的

le branchement   （电路）链接

le carburateur   化油器

le réservoir   油箱

le fusible   保险丝

le lanceur   启动器

le filtre à air   空气滤清器

l'échappement   *m.* 排气

le bouton   按钮

la bougie   火花塞

le cadre   框架

la mise à la terre   接地

le silent-block   橡胶衬套

insonorisé, e   *a.* 封闭式的

le capot   防护盖

le boulon   螺栓

le roulement   轴承

le cylindre   气缸

la bielle   连杆

le vilebrequin   曲轴

l'enroulement   *m.* 线圈绕组

le volant   飞轮

l'ailette de refroidissement   *f.* 散热片

la vis   螺丝

le contacteur   接触器

la clé de contact   点火开关

l'accumulateur   *m.* 蓄电池

gripper   *vi.*（过度磨损而）卡住

la poignée   把手

débrancher   *vt.* 断开

la prise   插头

la ventilation   通风

l'huile moteur   *f.* 机油

la soupape   气门

## Notes

1. **Le groupe électrogène 发电机组：**是将其他形式的能源转换成电能的成套机械设备。本课中为柴油发电机组。

2. **La mise à la terre 接地：**是指将正常情况下不带电，而在绝缘材料损坏后或其他情况下可能带电的金属部分用导线与地线 (le câble de terre) 连接起来。通常用于保护人员或设备。

3. **Le contacteur 接触器：**接触器是通过一个较小电流实现其开、闭控制，从而实现对较大电流的通、断控制。通常为电磁接触器。

4. 产品使用说明书中的标题一般采用名词或名词词组，具体的操作说明主要还是对产品的使用发出指令，对详细的操作步骤给出明确安排，因此一般采用不定

式或复数第二人称命令式。（如果口气要强烈一些，如强调安全或十分必要的操作要求，则采用命令式复数第二人称。）

例1：

本课中的标题：1. Mise en marche、1.1 Démarrage électrique 等。

本课中操作说明部分：Mettre le contacteur sur la position « ON » 等。

例2：

Conseils à retenir:

Sachez quand sortir : Réagissez rapidement à l'incendie.

Sortez et éloignez-vous.

Fermez les portes derrière vous pour contenir l'incendie.

Téléphonez au service d'incendie à partir de la maison d'un voisin.

Laissez aux professionnels le soin de combattre les incendies !

## Exercices

**1. Traduire les mots et les expressions suivants en français, trouver les images correspondantes sur Internet et les afficher à côté du mot concerné.**

| 启动器 | 柴油发电机组 | 空气滤清器 |
| --- | --- | --- |
| 地线 | 机油 | 接触器 |
| 点火开关 | 电压 | 燃油滤清器 |
| 保险丝 | 线圈绕组 | 火花塞 |
| 防护盖 | 按钮 | 示意图 |

**2. Traduire le texte suivant en chinois.**

### Comment utiliser une clé à choc électrique ?

Pour utiliser une clé à choc électrique, vous aurez besoin d'un secteur alimenté de 230V/50Hz. Si vous utilisez une clé alimentée avec une batterie ce sera de 18V et 2Ah. Pour la clé à choc sur secteur, l'utilisation est comme suit : il faut tout d'abord brancher la prise sur le secteur, et après choisir une option que vous devez utiliser (visser ou dévisser) et après il suffit de presser le bouton marche et le tour est joué. Par contre, avec une clé à choc électrique alimentée par une batterie, il ne suffit qu'à choisir une option, presser le bouton marche et votre vis sera ôtée ou serrée de l'endroit. Cette clé est vraiment performante car il possède une puissance qui dépasse les 1000 W. Avec cette puissance, elle peut faire un couple ( 扭矩: 使物体发生转动的一种力 ) de serrage de plus de 450Nm.

## 3. Traduire le texte suivant en français.

1.1. 更换润滑油

在润滑油仍然具有温度时，拧下油量表，取下换油口塞，并且将其排出（换油口赛位于气缸体的下部）。随后倒入推荐使用的润滑油。

在第一个 20 小时运行时间结束后更换润滑油，或是在第一个月月末更换。随后连续每隔 50 小时运行时间更换一次润滑油，连续 3 次。接下来每 3 个月或每 100 工作小时更换一次。

1.2. 更换空气滤清器

请勿使用去污剂清洁空气滤清器或空气滤清器零件，使用软刷清洁零件的外部灰尘。

---

| Lecture |

---

### Contrôle, réparation et diagnostic de panne

Si l'électricité ne peut pas être générée même après que le générateur ait été contrôlé selon le tableau de diagnostic de panne de la page suivante, contacter notre distributeur attitré ou nous contacter directement.

| CAUSE | REMEDE |
|---|---|
| Pas assez de carburant | Ajouter du carburant |
| Le robinet du carburant n'est pas positionné sur « ON » | Le tourner vers « ON » |
| La pompe à haute pression et la canule du carburant ne peuvent pas injecter d'huile ou moins d'huile est injectée | Retirer la canule du carburant et la réparer sur la table de test |
| Le levier de contrôle de vitesse n'est pas sur la position « RUN » | Mettre le levier de contrôle sur « RUN » |
| Vérifier le niveau d'huile de graissage | Le niveau standard d'huile de graissage doit être entre la marque supérieure « H » et la marque inferieure « L » |
| La vitesse et la force nécessaires pour tirer le démarreur de détente ne sont pas suffisantes | Démarrer le moteur diesel selon les exigences énoncées dans « procédures de démarrage » |
| La canule du carburant est sale | Nettoyer la canule du carburant |
| La batterie de stockage est à plat | Recharger ou remplacer la batterie de stockage |
| L'interrupteur principal n'est pas sur « ON » | Tourner l'interrupteur sur « ON » |
| Mauvais contact des fiches | Ajuster les pattes des fiches |
| La vitesse évaluée du générateur n'est pas atteinte | Ajuster la vitesse évaluée selon les exigences |
| Fusible endommagé | Remplacer le fusible |
| Fuite de charge | Retirer la charge répandue |

Le moteur diesel ne peut pas démarrer

Le générateur ne peut pas générer

| | | |
|---|---|---|
| La tension trop basse | La vitesse évaluée du générateur n'est pas atteinte | 1. pousser le levier de vitesse jusqu'à la position limite de fonctionnement (pour le modèle de générateur L, LE) 2. ajuster légèrement le levier de vitesse jusqu'à la vitesse évaluée (pour le modèle de générateur X, XE, S) |
| | Le tensiomètre est casse et l'aiguille indique une tension trop basse | Vérifier par une variation de courant AC que le tensiomètre est bien casse et le remplacer |
| | L'AVR est cassé ou le fil de connexion est déconnecté, la tension est à 80V environ | Remplacer l'AVR ou connecter les fils correctement |
| Stopper automatiquement lorsqu'il fonctionne depuis une minute | Moins d'huile de graissage, le système de protection de basse pression d'huile du modèle X, XE, S est activité | Ajouter de l'huile de graissage jusqu'au niveau compris entre « H » et « L » de la jauge |
| | Le levier de régulation de vitesse du modèle X, XE, S s'arrête facilement | Réparer simplement et ajuster la surface d'accrochage |

第二课 产品检验报告

# Certificat d'analyse ou d'examen

## Certificat d'analyse

Réf. livraison/date :

220169466 000020 / 11.01.2007

Notre Réf./date :

210121006 000020 / 24.01.2007

Numéro de client :

205688

Votre Réf./date :

501543

Organisation commerciale : 201

Notre référence article / votre référence
article

200508-255 Ardrox 9D1 AEROSOL /

Numéro de Lot 0900026215 /Date

péremption 03.2010 / Qté 1020 PC

Air Liquide Welding France SA

PLATE-FORME LOG

CHEMIN DE L'OISELAT-BP 40001

F-51555 EUROPORT VATRY CEDEX

| LotCtrl 166498 du 11.07.2006 | | Tolérances | | |
| Caractéristiques contrôlées Méthodes | Unités | Limite minimale | Limite maximale | Résultats |
|---|---|---|---|---|
| Apparence Method 2300 1 / 1 Observation visuelle | | | | Poudre en suspension dans un liquide |
| Couleur Method 2300 1 / 1 Observation visuelle | | | | Blanc |
| Teneur en solides Method 2300 677 / 1 100 g / 95° C / 1 H ISO 3452-2 | % | 15,8 | 19,3 | 17,8 |
| Teneur en Sodium Method 2300 680 / 1 ASTM E 165 (annexe 4) | ppm | 0 | 50 | 29 |
| Performance Method 2300 497 / 1 Performance d'un révélateur ISO 3452-2 | | | | conforme |
| Test de pulvérisation (qualitatif) Method 2300 1 / 1 Observation visuelle | | | | conforme |
| Teneur en Soufre Method 2300 680 / 1 ASTM E 165 (annexe 4) | ppm | 0 | 200 | < 20 |
| Résidu ASME Method 2300 507 / 1 Résidu ASME/DIN | % | 0,0000 | 100,0000 | 14,4100 |
| Teneur en Chlore + Fluor ASME Method 2300 680 / 1 ASTM E 165 (annexe 4) | % | 0,0000 | 1,0000 | 0,0059 |
| Teneur en Soufre ASME Method 2300 680 / 1 ASTM E 165 (annexe 4) | % | 0,0000 | 1,0000 | 0,0050 |
| Corrosion sur Al 7075T6 Method 2300 676 / 1 Immersion partielle, 24H,T.amb. ISO 3452 | | | | Ni corrosion, ni attaque, ni ternissement |

| | | | | |
|---|---|---|---|---|
| Corrosion sur Mg AZ31 B<br>Method 2300 676 / 1<br>Immersion partielle, 24H,T.amb.<br>ISO 3452 | | | | Ni corrosion,<br>ni attaque, ni<br>ternissement |
| Corrosion sur Acier XC18<br>Method 2300 676 / 1<br>Immersion partielle, 24H,T.amb.<br>ISO 3452 | | | | Ni corrosion,<br>ni attaque, ni<br>ternissement |
| Teneur en Cl +F<br>Method 2300 680 / 1<br>ASTM E 165 (annexe 4) | ppm | 0 | 200 | < 40 |
| Densité du fluide porteur<br>Method 2300 5 / 1<br>Densimètre à 20° C | | 0,746 | 0,825 | 0,790 |
| Re-dispersabilité<br>Method 2 300 678 / 1<br>ISO 3452-2 / Agiter 30s | | | | conforme |

Le présent certificat repose sur les résultats obtenus dans le cadre de contrôles réalisés conformément à nos spécifications et à notre système de qualité.

La garantie ne porte sur aucune propriété ou spécificité particulière et nous garantissons uniquement la qualité dans le cadre de nos conditions générales de livraison qui seules ont valeur contractuelle dans nos rapports avec nos clients. (CONFORME EN 10204 3.1.B : ATTESTATION DE CONFORMITE A LA COMMANDE)

**Document validé par signature électronique.**

Date : 18.01.2007

LABORATOIRE D'ANALYSE : Villeneuve Nom : Sébastien CARANDA

51, rue Pierre. F-92588 CLICHY Cedex

Tel. +33(0)1 47 15 38 00. Fax:+33(0)1 47 37 46 60.

Société par Actions Simplifiée au Capital de 4.000.000 Euros -542 044 417
RCS Nanterre.

N° de TVA FR 43 542 044 417 APE 246 L

Usine:

F-89103 SENS Cedex. 11, Boulevard de la Manutention

BP 362 Tel. +33(0)1 47 15 38 00. Fax. +33(0)1 47 15 60 44.

F-02200 SOISSONS 280, rue J.B Godin. ZI Villeneuve St-Germain

Tel. +33(0)1 47 15 38 00. Fax. +33(0)1 47 15 60 50

## Lexique

le certificat d'analyse 检验报告

Réf. (la référence) （文件的）编号

la péremption 失效，过期

le lot （商品等的）批次

PC (pièce) 件

la plate-forme 平台

LOG (la logistique) 物流

la caractéristique 项目

la tolérance 公差

la teneur 含量

le sodium 钠

la performance 规格

le révélateur 显像剂

qualitatif.ve *a.* 定性分析的

le soufre 硫

le résidu 滤渣

le chlore 氯

le fluor 氟

l'aluminium *m.* 铝

le magnésium 镁

la corrosion 腐蚀

l'attaque *f.* 起化学反应

le ternissement 褪色

l'immersion *f.* 浸泡

la densité 比重

le fluide porteur 液态载体

la re-dispersabilité 可再分散性

ppm (une partie par million) 百万分之几

synthétique *a.* 合成的

dériver *vt.* 派生

la propriété 特性

le poids spécifique 比重

la viscosité 黏度

tpm (tour par minute) 圈 / 分钟

la bille 滚珠

l'usure *f.* 磨损

diam. (le diamètre) 直径

cSt (mm$^2$/s) 厘斯

vg 黏度等级

1. 表格的语言特点：

   (1) 表格中的词汇一般没有冠词，无论在检验报告，还是在装箱单中；

   (2) 缩写较多，要善于积累。

2. ARDROX 9D1：ARDROX 9D1 显像剂是一种含有细碎的白色粉末的液体产品，装在喷筒中。通过染色渗透喷雾方式，起到显像作用，从而发现焊接点的缺陷。

3. ISO (Organisation internationale de normalisation) 国际标准化组织：该组织是一个制定全世界工商业国际标准的机构。另外，ISO 后通常跟有数字，该数字指标准编号。例如某个产品带有"ISO9001"标志，则表示该产品符合 ISO9001 系列标准的要求。

4. ASTM（英：American Society for Testing and Materials) 美国材料试验协会：

   (1) ASME (L'American Society of Mechanical Engineers) 美国机械工程师学会；

   (2) 这两个协会制定的标准都是全世界公认的国际标准。

5. DIN（德：Deutsches Institut für Normung)：德国标准化学会。

6. Le résidu 残渣：表格中的"残渣"是指显像剂蒸发后留下的残渣。

7. "Notre Réf./date"及"Votre Réf./date"：根据该检验单的性质，应翻译为"检验方"及"送检方"。

8. Tolérance 公差：公差是指对产品某一项数据可接受的误差范围。

9. Analyse qualitatif 定性分析、Analyse quantitatif 定量分析：定性分析是对研究对象进行"质"的方面的分析，确定"有"或"无"；定量分析是对研究对象进行"量"的方面的分析，回答关于"数量"的问题。

10. Société par actions simplifiée（SAS）简易股份有限公司：在法国，为了鼓励创业，对股份有限公司（SA）的规定做了适当调整，而形成的一种适合于中小企业的股份公司。资本金在注册时必须到位一半，其余可分 5 年到位。3—5 位总经理组成的执行机构由监事会委任并接受监事会监督。公司只承担入股额的债务责任。股份可自由买卖，退出无限制。其可吸纳社会资金，一般适用于短期即将上市的公司。

11. cSt 厘斯：是运动黏度的最小单位，运动黏度是液体在重力作用下流动时内摩擦力的量度，其值为相同温度下液体的动力黏度与其密度之比，在国际单位制中以 $mm^2/s$ 表示。

12. 法语中的小数点为逗号，在翻译为中文时要注意将其转换为实心点。

## Exercices

**1. A partir des mots abrégés, écrire les mots complets et traduire en chinois.**

| | | | |
|---|---|---|---|
| Réf. | Lot Ctrl | Al | Mg |
| T.amb | ISO | 30s | ppm |
| Qté | 10PC | | |

**2. Traduire le texte suivant en français.**

_____公司

### 出厂检验报告

报告编号：

| 产品名称 | | 规格型号 | |
|---|---|---|---|
| 产品批（机）号 | 样品数量 | 代表数量 | |
| 生产日期 | 检验日期 | 报告日期 | |
| 检验依据 | | | |

| 检验项目 | 标准要求 | 实测结果 | 本项结论 |
|---|---|---|---|
| | | | |

| 检验结论 | 检验专用章： |
|---|---|

**3. Traduire le texte suivant en chinois.**

### Lubrifiant MEGA

## DESCRIPTION

Lubrifiant multigrade pour tout moteur essence et diesel à exigences élevées.

# AVANTAGES

- Réduction de la consommation d'huile
- Contrôle des dépôts sur les pistons
- Propreté piston et protection contre l'oxydation
- Contrôle l'épaississement de l'huile
- Compatibilité avec les joints en élastomères, nitrile, polyacrylate silicones et viton

# APPLICATIONS

Lubrification des moteurs diesel fonctionnant à haute vitesse et avec des exigences sévères et un espacement de vidange prolongé.

# CARACTERISTIQUES TYPIQUES

| CARACTERISTIQUES | UNITES | METHODES | VALEURS MOYENNES | |
|---|---|---|---|---|
| GRADES | | | 15W40 (*) | 15W50 (**) |
| Masse volumétrique à 15°C | KG/m$^3$ | NFT 60101 | 888 | 890 |
| Viscosité cinématique à 40°C | mm$^2$/s | NFT 60100 | 107 | 140 |
| Viscosité cinématique à 100°C | mm$^2$/s | NFT 60100 | 14,5 | 18 |
| Indice de viscosité | | NFT 60136 | 138 | 140 |
| Point d'éclair | °C | NFT 60118 | 220 | 220 |
| Point d'écoulement | °C | NFT 60105 | -30 | -30 |
| Teneur en cendres sulfatées | %masse | NFT 60143 | 1,38 | 1,38 |
| TBN | mg kOH/g | ASTMD 2896 | 10,6 | 10,6 |

(*) et (**) : 15W40 et 15W50 sont deux modèles différents du lubrifiant MEGA

## Lubrifiant synthétique liquide

Le lubrifiant synthétique liquide Chesterton® 610 est un lubrifiant de première qualité totalement synthétique conçu pour fournir une lubrification à des températures variant de -25°C à 270°C et au-delà, où les lubrifiants dérivés du pétrole sont incapables de fonctionner.

## Propriétés physiques typiques :

|  | 610 | 610HT |
|---|---|---|
| Apparence | ambre liquide | ambre liquide |
| Odeur | légère, douce | légère, douce |
| ISO VG (ASTM D 2422, DIN 51 519) | 68 | 460 |
| Poids spécifique | 0,97 | 0,97 |
| Viscosité (ASTM D 445, DIN 51 561) |  |  |
| @ 40°C cSt (mm$^2$/s) | 61-75 | 414-506 |
| @ 100°C cSt (mm$^2$/s) | 10-15 | 45-65 |
| Indice de viscosité (ASTM D 2270, ISO 2909) | 150 | >250 |
| Usure 4 billes, diam. Marque 75°C, 1200 tpm 1h (ASTM D 2266, DIN 51 350) | 10 kg : 0,22 mm 40 kg : 0,38 mm | 10 kg : 0,19 mm 40 kg : 0,32 mm |
| Gamme de température | -25°C à 270°C | -25°C à 270°C |
| Point de solidification (ASTM D 97, ISO 3016) | -40°C | -40°C |
| Point-éclair, C.O.C. (ASTM D 92, ISO 2592) | 282°C | 282°C |
| Point d'inflammation (ASTM D 92, ISO 2592) | 338°C | 338°C |
| Perte par évaporation, 6,5 h à 204°C (ASTM D 972) | 1,2% | 1,2% |

第三课　生产工艺流程

# Processus de fabrication

Le schéma ci-dessous (Voir Fig.1) représente le processus de fabrication du sucre à partir de canne à sucre. Pour le traitement des betteraves, la démarche est identique sauf en ce qui concerne les premières étapes (jusqu'au coupe-canne).

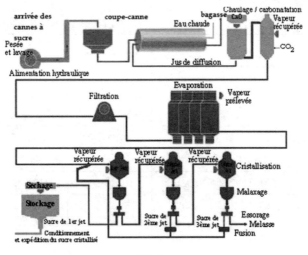

**Fig.1**

Une tonne de canne à sucre = 115 kg de sucre

Une tonne de betterave = 135kg de sucre

Une fois les cannes arrivées à l'usine, elles doivent être traitées immédiatement (maximum : une demi-journée après la coupe) afin de ne pas perdre trop de leur teneur en saccharose. En effet, plus le temps entre la récolte et le traitement est long, plus le rendement en sucre est faible. Les cannes sont coupées en tronçons à l'aide de coupe-cannes. Afin de rendre le traitement ultérieur plus aisé, les tronçons de canne vont successivement passer dans un séparateur magnétique qui va permettre de retirer les éventuels bouts de métal qui risqueraient d'endommager les machines, puis vers un défibreur qui va broyer les cannes. L'extraction du jus de canne à sucre (vesou) se fait par broyage dans une série de moulins successifs. Un résidu fibreux est extrait en même temps que le jus : la bagasse. Tout au long de cette étape, un flux d'eau chaude est injecté afin de faciliter l'extraction du sucre de canne.

Après avoir extrait le jus, l'étape ultérieure de transformation consiste à séparer le sucre des impuretés. Ce processus dit d'épuration ou de purification se fait généralement par chaulage simple (défécation) dans le cas de la canne à sucre ou de chaulage et carbonatation dans le cas de la betterave sucrière. L'ajout de lait de chaux et de dioxyde de carbone entraîne une précipitation des impuretés (décantât). Le tout est ensuite filtré. Le décantât peut être utilisé comme amendements pour réduire l'acidité des sols. Le jus filtré va ensuite subir une étape de décoloration. L'utilisation de la chaux entraînant une calcification du jus, l'élimination des ions calcium évite l'encrassage de l'équipement employé lors des étapes ultérieures d'évaporation et de cristallisation. La décalcification se fait par le passage à travers des résines d'échange d'ions.

L'étape d'évaporation/cristallisation du jus consiste à amener celui-ci à ébullition. Le dégagement de vapeur d'eau va entraîner la concentration du jus sous forme de sirop (60% à 70% de saccharose) qui va entrer dans le processus de cristallisation. Pour cela, il est déversé dans une cuve sous vide à une pression d'environ 0,2 bar et maintenu à température inférieure à 80°C (ce qui évite la caramélisation et permet l'évaporation). Le sirop continue à se concentrer jusqu'à formation des cristaux. Afin d'accélérer le processus, on peut introduire des cristaux de sucre (souvent du sucre glace) d'une taille de cinq à dix microns dans la chaudière (c'est l'étape du grainage). Afin de contrôler le niveau de grossissement des cristaux de sucre et leur quantité, le mélange est remué sans interruption et du sirop est ajouté au fur et à mesure de l'opération. Une fois que les cristaux ont atteint la taille et la quantité désirée, le mélange (masse cuite) passe dans des essoreuses afin de séparer les cristaux de l'eau encore présente. Cette eau ou égout pauvre repart au niveau des phases d'évaporation et de cristallisation pour un deuxième voire un troisième traitement. Les cristaux obtenus sont lavés par pulvérisation d'eau (clairçage). L'eau obtenue après clairçage est également appelée égout riche. Les cristaux appelés aussi sucre de premier jet sont finalement séchés sous vide, puis stockés dans des silos. Ils contiennent 99,9% de saccharose.

Les dernières étapes avant la vente sont le tamisage, le classement, le pesage ainsi que le stockage du sucre sous des formes variées (dans des lieux bénéficiant d'une humidité relative de 65% environ).

## Lexique

| | |
|---|---|
| le processus 工艺流程 | l'épuration  f. 清净 |
| le schéma 示意图 | la défécation 澄清 |
| le traitement 处理 | le lait de chaux 石灰乳 |
| la démarche 步骤 | le dioxyde de carbone 二氧化碳 |
| la bagasse 蔗渣 | la précipitation 沉淀 |
| le jus de diffusion 浸提汁 | le décantât 滤渣 |
| le chaulage 中和 | le amendement 土壤改良剂 |
| la carbonatation 碳酸化 | la décoloration 脱色 |
| l'alimentation hydraulique  f. 液压送料 | les résines d'échange d'ions  离子交换树脂 |
| la filtration 过滤 | |
| l'évaporation  f. 蒸发 | l'évaporation  f. 蒸煮 |
| le premier jet 一效（糖） | se concentrer  v.pr. 浓缩 |
| la cristallisation 结晶 | la fusion 融化 |
| le malaxage 助晶 | le conditionnement 包装 |
| l'essorage  m. 脱水 | l'expédition  f. 发运 |
| la mélasse 废糖蜜 | la coupe 砍蔗 |

la teneur 含量

le saccharose 蔗糖

le rendement 产量

le coupe-cannes 切蔗机

le séparateur magnétique 除铁器

le bout de métal 金属屑

le défibreur 撕裂机

broyer vt. 破碎

le broyage 压榨

le moulin 压榨机

le flux （水）流

l'extraction 提取

l'impureté 杂质

le sucre glace 糖精体

le grainage 起晶

remuer vt. 搅动

la masse cuite 糖膏

l'essoreuse f. 分蜜机

l'égout pauvre m. （含糖分低的）清汁

le clairçage 喷淋

sous vide （以）真空（的方式）

le silo 储存塔

l'humidité relative f. 相对湿度

---

## Notes

1. **La diffusion 浸提**：浸提是指利用适当的溶媒和方法，从原料中将可溶性有效成分浸出的过程。本文介绍的制糖工艺即制糖过程就是利用热水作为溶媒将蔗糖从甘蔗中浸出，然后除去非糖成分，再经蒸发、浓缩和煮糖结晶，最后用离心分蜜机分去水分而得白砂糖成品。

2. **Le chaulage 中和**：该单词字面含义为"用石灰水处理"。而在制糖工艺中，经过浸提的浸提汁为微酸性，在浸提汁中加入碱性石灰乳，进而发生中和作用，用以凝聚和沉淀非糖分。

3. **Le bar（大气压强单位）巴**：1 巴（bar）=100 千帕（KPa），且约等于 1 个大气压，文中"0.2bar"低于正常环境气压。沸点随着压强的增大而升高，反之压强越低沸点越低。因此降低压强，可使得糖浆可在相对较低的温度环境中也可以蒸发，同时避免了糖浆焦化。

4. **L'humidité relative 相对湿度**：指空气中水汽压与相同温度下饱和水汽压的百分比。在当前的气温之下，空气里的水分含量达至饱和，相对湿度就是 100%。也就是绝对湿度与最高湿度之间的比，它的值显示水蒸气的饱和度有多高。

5. 法语专业术语许多来自于普通词汇，很可能在查一般性词典时只能找到其普通意义。但在翻译工程技术类文章时，必须找出该词汇在相应专业中的含义，才能准确翻译。另外，同一个词汇在不同专业领域有不同的含义。如：le coupe-racines 的普通意义是"块根切碎机"，但在甜菜生产工艺中是"切丝机"。这里以制糖工艺为例介绍一种简便的方法：找到描述制糖工艺的汉语文章，将中文和法语一一对应，即可找到正确的翻译。当然，最后不要忘记通过比对两者的描述是否一致来进行确认。

6. 名词修饰名词。法语中有许多名词作为形容词修饰另一个名词的情况，如：l'affluence **record**（创纪录的点击量）、Une jupe **tulipe**（郁金香裙子）、des fermes-**écoles**（学校农场）。在工程技术法语中，这种现象尤其多，如本课的 le sucre glace、le coupe-racines 等等。详见《工程技术法语翻译实务》第 49 页 "4.4 名词修饰名词"章节。

7. 动名词是工程技术法语中出现频率很高的词类，其用法和规定请参见位于《工程技术法语翻译实务》第 50 页的 "4.5 动名词的特殊性"章节。

8. 工艺流程是一切设计的基础。工艺流程除了有示意图以外，一般还有大量的说明文字。学好这部分内容，对于今后翻译项目方案、招投标书、设计方案等，都有很大的帮助。

9. 类似于本课中说明类的文章一般采用直陈式现在时，因为描述的都是设计好的、成熟的内容。同时，工艺流程实际描述了生产或建造过程的先后步骤，法语描述时一般是按流程的先后出现相关的法语术语，故译文也应当保持相同风格。

## Exercices

### 1. Trouver le sens ordinaire et le sens spécialisé.

| Mot en français | Sens ordinaire en chinois | Sens spécialisé en chinois |
|---|---|---|
| chaulage | 石灰水处理；石灰水喷射 | 中和 |
| diffusion | | |
| malaxage | | |
| mélasse | | |
| rendement | | |
| séparateur magnétique | | |
| défibreur | | |

| | | |
|---|---|---|
| broyage | | |
| tapis | | |
| tapis balistique | | 倾斜输送带 |
| diffuseur | | |
| ébullition | | |
| masse cuite | | |
| égout | | |

## 2. Traduire le texte suivant en chinois.

Le jus vert va être épuré, cll'est-à-dire que l'on va lui ajouter de la chaux sous forme de lait, qui a comme propriété de fixer toutes les impuretés en suspension dans le jus sucré. Cet ensemble jus chaulé est ensuite carbonaté (ajout de gaz carbonique) avant d'être filtré. Le résidu de filtration s'appelle les défécations que l'on utilisera comme amendement calcaire en agriculture. Le jus épuré contenant 16% de sucre est concentré dans la phase suivante jusqu'à 55%, par ébullition, c'est l'évaporation. Le jus obtenu est le sirop. L'énergie utilisée est la vapeur. Le sirop est à nouveau concentré jusqu'à sursaturation pour pouvoir être cristallisé. Il est donc envoyé dans des chaudières appelées « cuites » où la concentration et la cristallisation vont être effectuées. Au stade de la sursaturation, un cristal plongé dans le sirop se met à grossir. Il faudra donc introduire des germes (sucre glace) dans l'appareil. Les cristaux vont alors grossir. L'ensemble cristaux plus sirop s'appelle « masse-cuite ».

## 3. Traduire le texte suivant en français.

衡量甘蔗制糖从清净、蒸发、结晶、分蜜和干燥等全过程的效率用煮炼收回率表示，其定义为从甘蔗混合汁的蔗糖中实际收回的蔗糖百分数。煮炼后收回率低于

100。这是由于制糖过程中，诸如蔗糖转化、滤泥含糖及废蜜含糖等损失造成的。

**4. 写出任意五个动名词，并加上动名词的宾语，然后写出不定式。**

例: L'enlèvement de la goupille = enlever la goupille

---

**Lecture**

# L'éthanol

L'éthanol ou alcool éthylique ($C_2H_5OH$) se présente sous la forme d'un liquide inflammable et incolore. Il bout à 78℃ , gèle à -112℃ et son poids moléculaire est de 46,07, Il peut être élaboré à partir de produits biologiques contenant directement du sucre comme la canne à sucre ou la betterave sucrière (ces intrants représentent 60% de la production mondiale d'éthanol), mais également de produits qui à l'instar du maïs, possèdent de l'amidon aisément transformable en sucre.

## Processus de fabrication de l'éthanol à partir du sucre

L'éthanol est produit par le biais de la distillation de jus de betterave et de canne fermenté*.

A la fin de l'étape de centrifugation/évaporation, qui peut avoir été effectuée jusqu'à trois fois, on obtient à côté des sucres de deuxième et troisième jets, un résidu sirupeux : la mélasse. C'est elle qui, grâce à sa forte teneur en sucre, va être retraitée dans le but d'obtenir de l'éthanol. Au cours de la phase de fermentation, les moûts fermentescibles vont être ensemencés avec une levure appropriée afin d'être convertis en éthanol. A la fin de cette phase de fermentation, l'éthanol est concentré par distillation, c'est à dire que l'alcool est séparé de l'eau par évaporation. Il est possible d'obtenir à la fin de ce processus un produit affichant une pureté de 95,6%, le reste étant constitué d'eau. Pour obtenir un éthanol d'une plus grande pureté, il est possible de le faire passer par une étape de rectification, c'est à dire que l'alcool est purifié à travers des phases successives d'évaporation et de condensation. L'alcool absolu est, quant à lui, obtenu par passage dans une colonne de déshydratation où le résidu d'eau est retiré à l'aide d'un réactif du type baryte ou benzène. A la fin de cette étape, l'alcool titre à 99,98%. Il peut alors être employé à des fins pharmaceutiques notamment. Quand il est utilisé par l'industrie pétrolière, l'éthanol peut être soit employé seul dans sa forme hydratée soit comme additif au pétrole (on dit alors qu'il est sous sa forme anhydre) ; c'est notamment l'exemple du « gasohol » aux Etats-Uniss. La production et l'utilisation d'éthanol en tant qu'additif ont surtout commencé à prendre leur essor en Europe depuis le début des années 1990 en même temps que l'introduction sur le marché des essences à faible teneur en plomb. Dans ce cadre, l'éthanol permet comme le plomb avant lui, d'accroître l'indice d'octane de l'essence.

| * | 1270 kg de canne à sucre | =100 litres d'éthanol |
|---|---|---|
| | 1030 kg de betterave sucrière | |

# 1. Les types différents des dessins techniques

## 1.1 Le plan d'ensemble (Voir Fig.1)

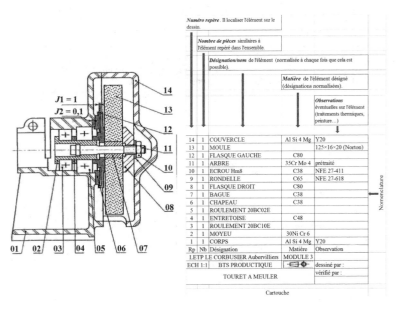

**Fig.1**

## 1.2 La projection orthogonale (Voir Fig.2 et Fig.3)

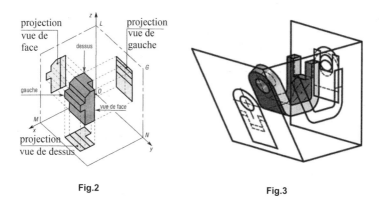

**Fig.2**

**Fig.3**

## 1.3 La vue éclatée (Voir Fig.4)

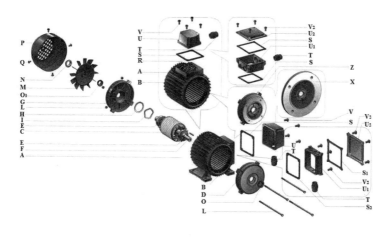

**Fig.4**

| Nomenclature | |
|---|---|
| A. Stator | P. Capot de ventilateur |
| B. Induit bobiné | Q. Vis-tarauds de fixation du capot de ventilateur |
| C. Rotor | R. Bornier et composants |
| D. Flasque avant | S. Joint de bornier IP 55 |
| E. Roulements à billes | T. Presse-étoupe |
| F. Clavette | U. Couvercle de bornier IP 55 |
| G. Flasque arrière | V. Vis de fixation du couvercle du bornier IP 55 |
| H. Rondelle d'appui | S1-2 Joint de bornier IP 65 |
| I. Bague de compensation | U1 Presse-étoupe et joint IP 65 (embase) |
| L. Ecrou | U2 Couvercle de bornier IP 65 (couvercle) |
| M. Ventilateur de refroidissement | V2 Vis de fixation du couvercle du bornier IP 65 |
| N. Bague de fixation du ventilateur | Z. Flasque-bride B 14 |
| O. Joint d'étanchéité | X. Flasque-bride B 5 |
| O1. Joint d'étanchéité en V | |

1.4  L'échelle (Voir Fig.5)

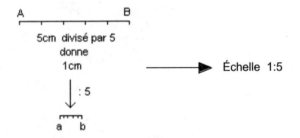

**Fig.5**

## 2. Le cartouche (Voir Tab.1)

**ETAT DE VAUD**

SERVICE IMMEUBLES
PATRIMOINE ET LOGISTIQUE
Riponne 10, 1014 Lausanne
http://www.dinf.vd.ch
Tél: 021 316 73 00

Commune :
## LAUSANNE
Adresse :
## RUE DU MIDI 13
Nom du complexe :
## EPCL
Nom du bâtiment :
## ECOLE DE COMMERCE

N° bâtiment :
## 132-00024
N° Gedo :

N° de plan :
## R00.AR.EXE.26
Intervenant :
## ARCHITECTE

Type d'intervention :
## RESTAURATION
Type de document :
## PLAN D'ARCHITECTE
Localisation :
## REZ-DE-CHAUSSEE

Localisation graphique :

| Nature du document : | Echelle : | Indice : |
|---|---|---|
| ## EXECUTION | ## 1:50 | ## B |

| | | | |
|---|---|---|---|
| Format : | 90X180 | Xref n°1 : | XREF1 |
| Dessiné le : | 24.11.2003 | Xref n°2 : | XREF2 |
| Dessiné par : | C.BETON | Xref n°3 : | XREF3 |
| Fichier DWG : | LIBRE | Xref n°4 : | XREF4 |
| Fichier CTB : | LIBRE | Xref n°5 : | XREF5 |
| Fichier scan : | LIBRE | Imprimé le : | PLOT-DATE |
| N° de réf. : | | | |

Architecte :
C. Béton & T. Brique Architectes
Av. Caillou
n° 15 bis, 1007 Lausanne
tel. :       021 600.00.00
fax. :      021 600.00.01
e-mail : béton.brique@swissoline.ch

| Indice | Modification | Date | Auteur |
|---|---|---|---|
| A | RELEVE | 24.11.2003 | C.BETON |
| B | EXECUTION | 18.12.2003 | T.BRIQUE |
| IND3 | MOD3 | DAT3 | USR3 |
| IND4 | MOD4 | DAT4 | USR4 |
| IND5 | MOD5 | DAT5 | USR5 |
| IND6 | MOD6 | DAT6 | USR6 |
| IND7 | MOD7 | DAT7 | USR7 |
| IND8 | MOD8 | DAT8 | USR8 |
| IND9 | MOD9 | DAT9 | USR9 |
| IND10 | MOD10 | DAT10 | USR10 |
| IND11 | MOD11 | DAT11 | USR11 |
| IND12 | MOD12 | DAT12 | USR12 |
| IND13 | MOD13 | DAT13 | USR13 |
| IND14 | MOD14 | DAT14 | USR14 |
| IND15 | MOD15 | DAT15 | USR15 |
| IND16 | MOD16 | DAT16 | USR16 |
| IND17 | MOD17 | DAT17 | USR17 |

Ingénieur civil :
SATURNE SA
rue des Etoiles
n° 10, 1530 Payerne
tel. :       026 400 00 00
fax. :      026 400 00 01
e-mail : saturne@espace.ch

Ingénieur CVSE :
Eponge SA
av .du nettoyage
n° 123, 1400 Yverdon-les-Bains
tel. :       021 200 00 00
fax. :      021 200 00 01
e-mail : www.éponge.ch

Tab.1

## Lexique

le plan d'ensemble 总图

le numéro repère 编号

l'élément *m.* 零件

l'observation *f.* 备注

le traitement 处理

la nomenclature 零件明细

le couvercle 护罩

la meule 砂轮

le flasque 夹板

l'arbre *m.* 轴

l'écrou *m.* 螺母

la rondelle 垫圈

la bague 套，环

le chapeau 轴承盖

le roulement 轴承

l'entretoise *f.* 轴承隔套

le moyeu 轴套

le corps 壳体

la projection orthogonale 正投影

la vue 视图

la vue éclatée 分解图

le stator 定子

l'Induit *m.* 感应电路

bobiné *a.* 绕线的

le rotor 转子

la bille 滚珠

la clavette （电机轴上的）键

la rondelle d'appui 支撑环

le ventilateur 风扇

la bague de compensation 变径环

la bague de fixation 紧固环

le joint 垫圈

l'étanchéité *f.* 密封

le capot 罩

la vis-taraud 自攻螺丝

le bornier 接线端子板

le presse-étoupe 轴封

le flasque-bride 法兰侧板

l'échelle *f.* 比例尺

le cartouche 图签

## Notes

1. **Ecrou Hm8**：Hm8 是该螺母的型号。其中"H"代表该螺母为六边形（hexagonal），m8 代表该螺母的标称尺寸为 M8 即"d"的尺寸为 8 毫米（见 Fig.6）。但实际上，螺母与螺杆的连接根据需要有"间隙配合"、"过盈配合"、"过渡配合"三种形式，因此图中"d"的尺寸并不完全等于 8 毫米，这一尺寸在各个标准中有详细规定。同时，由于内丝螺母由于内部有螺纹，所以"d"有三个尺寸，分别称为大径（即标称尺寸）、中经和小径。实际尺寸根据各个国家标准有所不同。例如，根据 GBT196-2003（见 Fig.7），M8 型号螺母的大径（d）为 8 毫米，中径（d2）为 7.188 或 7.350 或 7.513 毫米，小径（d1）为 6.647 或 6.917 或 7.188 毫米。因此，在进行该类图纸翻译时，需要注意图纸所遵循的具体标准。

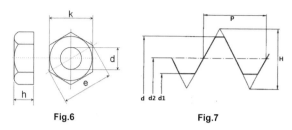

Fig.6                    Fig.7

2.  **Service immeubles, patrimoine et logistique 房屋、遗产与物流管理局**：该局
    业务范围较广，它即为国家负责设计、建造和维护学校、办公用房、博物馆、
    监狱等建筑；也保护历史建筑；还负责开展或监督考古挖掘；同时还负责部分
    政府采购及物资分配。

3.  **EPCL 洛桑商业职业技术学校**：全称为 "Ecole Professionnelle Commerciale
    de Lausanne"。

4.  **Ingénieur civil 土木工程师**：是指从事普通工业与民用建筑物、构筑物建造施
    工的设计，组织并监督施工的工程技术人员。主要职责有建筑设计、建造、施工。

5.  **SA 股份有限公司**：全称为 "société anonyme"。

6.  **N° GEDO 备案号**：Le N° GEDO est un numéro d'indexation attribué par l'archiviste du
    SIPAL, le champ reste donc vide sur la couche DAO ; ce numéro sera placé
    par le SIPaL sur le document archivé (support film ou papier).

7.  **DWG, CTB**：两种电脑文件格式。

8.  **图纸的翻译**，牵涉到译文的摆放定位问题，所以要使用图画、Adobe 等各种
    软件，如果不会使用，翻译处理不仅很麻烦，传输也困难，而且可能译本的受
    众还看不懂。下面介绍一种简单的、一般人都可以使用图纸翻译排版方法，其
    具体的流程如下：

    • 将原稿的 PDF 文件，用 Adobe 打开；
    • 另名保存文件为 PDF 文件；
    • 凭借 Open PDF 软件，用 word 打开 PDF 文件；
    • 拷贝 Word 文档中的技术图纸，在图画软件中黏贴，将翻译的文字插入，插
      入时定放在对应原文的文字，以保证源文本的风格和可读性；
    • 然后再拷贝，黏贴到正式的译稿中。
      当然现在随时都有新的软件出现，如截屏软件，就可以简化上述的前三道程
    序。但无论采用何种方法，都要注意译文的排放位置，始终注意图纸翻译后
    能保持源文本图纸的风格和可读性。因为图纸中的图与文字是搭配表意的，

文字挪动位置就可能产生歧义和错误理解。另外，如果本来就是 Word 文件，那就简单多了，可以省去很多程序。

## Exercices

**1. Traduire les mots et les expressions suivants en français, trouver les images correspondantes sur Internet et les afficher à côté du mot concerné.**

| | | |
|---|---|---|
| 图签 | 总图 | 细部图 |
| 剖面图 | 左视图 | 前视图 |
| 分解图 | 安装图 | 比例尺 |
| 备注 | 零件明细 | 投影图 |
| 编号 | | |

**2. Traduisez le dessin technique suivant en chinois.**

### Fiche technique du limon acier 5 marches

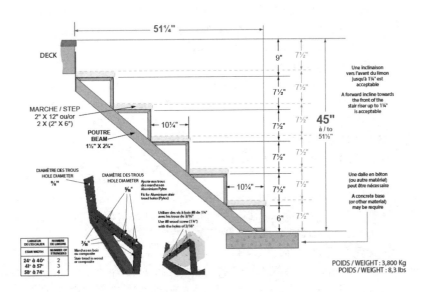

Conçu en une seule pièce, ce limon ne nécessite aucune coupe. Il est déjà prêt à recevoir des marches. Des garde-corps peuvent être installés par la suite. Avec sa structure en acier, ce limon ne nécessite aucun entretien. Les tubes d'acier offrent stabilité et durabilité. Il apportera une touche de finition à la maison et mettra en valeur votre escalier.

Est recouvert de peinture en poudre cuite ( 注: 熟胶粉 ) offrant une excellente résistance à la rouille.

Se combine parfaitement aux marches ou aux garde-corps en acier, fibre de verre, bois, etc.

## Lexique

## Cartouche

Un cartouche est une zone d'informations comportant entre autres le nom de la pièce, du mécanisme dont elle est issue, l'échelle appliquée et un ensemble de données destinées à l'archivage du document :

- nom du dessinateur(ou de la société)
- le mode de projection
- la date de dernière modification

Traditionnellement ce cartouche est un rectangle placé en bas et à droite de la feuille, celle-ci étant placée verticalement pour les formats « pairs » (A4, A2, A0) et horizontalement pour les autres (autrement dit la dimension multiple de 210 est placée horizontalement). L'origine de cette tradition est liée au rangement des « plans », pliés au format A4 et empilés dans des rayonnages d'armoire. Après pliage, quel que soit le format utilisé, le cartouche apparaissait placé en bas, et permettait d'accéder aux informations directement en soulevant simplement celui qui le recouvrait (placé en haut, pour être lu, il obligerait à tirer tout le document hors de la pile).

Ce type de rangement n'est plus guère pratiqué (car les pliages peuvent le cacher), les grands tiroirs extra-plats, les dossiers suspendus à ouverture latérale ou supérieure, ont vu les cartouches se déplacer en fonction de leur facilité d'accès, et leur place est devenue une « norme maison », selon le type de rangement utilisé dans l'entreprise.

L'apparition de l'ordinateur et du DAO, la quasi disparition des archives-papier rend le problème de l'accès aux informations très secondaire : l'ordinateur va chercher à la même vitesse le cartouche, fichier parmi les fichiers, où qu'il soit, éventuellement hors du dessin lui-même.

第五课　标准

# Normes et standards

## A. Extraits de la norme de protection incendie VKF/AEAI (valable dès le 01.01.2017)

Art. 1 But

1.1 Les prescriptions de protection incendie visent à protéger les personnes, les animaux et les biens contre les dangers et les effets des incendies et des explosions.

1.2 Elles fixent les obligations juridiques nécessaires pour atteindre ce but.

Art. 2 Champ d'application

2.1 Les prescriptions de protection incendie s'appliquent aux bâtiments et aux autres ouvrages à construire ainsi que, par analogie, aux constructions mobilières.

2.2 Les bâtiments et les autres ouvrages existants seront rendus conformes aux prescriptions de protection incendie, suivant un principe de proportionnalité :

- en cas de transformation, d'agrandissement ou de changement d'affectation importants de la construction ou de l'exploitation ;
- lorsque le danger est particulièrement important pour les personnes.

## Art. 3 Personnes concernées

Les prescriptions de protection incendie concernent :

3.1 les propriétaires et les exploitants de bâtiments et d'autres ouvrages ;

3.2 toutes les personnes qui s'occupent de leur conception, de leur construction, de leur exploitation ou de leur entretien.

## Art. 4 Structure

4.1 Généralités

Les prescriptions de protection incendie se composent de la norme de protection incendie et des directives de protection incendie. L'AEAI publie aussi des « notes explicatives » où sont explicitées certaines questions de protection incendie, ainsi que des « aides de travail » visant à faciliter l'application des directives de protection incendie.

4.2 Norme de protection incendie

La norme de protection incendie fixe le cadre de la protection incendie sur le plan des devoirs généraux, de la construction, des équipements de protection incendie et de l'organisation, ainsi que les mesures de défense incendie qui s'y rapportent. Elle définit les standards de sécurité applicables.

4.3 Directives de protection incendie

La norme de protection incendie est complétée par les directives de protection incendie, qui fixent les exigences et les mesures détaillées de sa mise en œuvre.

## Art. 5 Objectif de protection

Les bâtiments et les autres ouvrages doivent être construits, exploités et entretenus de manière à :

5.1 garantir la sécurité des personnes et des animaux;

5.2 prévenir les incendies, les explosions et limiter la propagation des flammes, de la chaleur et des fumées;

5.3 limiter les risques de propagation du feu aux bâtiments et aux ouvrages voisins;

5.4 conserver la stabilité structurelle des bâtiments et des autres ouvrages pendant une durée déterminée;

5.5 permettre une lutte efficace contre le feu et garantir la sécurité des sapeurs-pompiers.

## B. Eclairage de sécurité

Art.1 Branchement

1.1 L'éclairage de sécurité doit s'enclencher dans les 15 secondes au plus tard dès qu'une perturbation de l'alimentation électrique générale survient.

1.2 Les éclairages de sécurité ne doivent pas pouvoir être influencés par un interrupteur principal ou par un interrupteur de l'éclairage ordinaire des locaux.

1.3 Les lampes de sécurité alimentées par une seule batterie d'accumulateurs doivent être raccordées au dispositif de protection de surintensité du même local. Elles ne doivent pas être équipées d'interrupteurs pouvant interrompre leur fonctionnement.

1.4 Les systèmes d'alimentation centralisés de l'éclairage de sécurité doivent être répartis en zones (groupes) indépendants. Le nombre de lampes et la disposition des détecteurs de tension doivent être conformes aux normes reconnues.

1.5 La répartition en groupes doit être déterminée en fonction de la mise en danger des personnes en cas de défaillance partielle de l'éclairage artificiel général.

1.6 Les dysfonctionnements tels que les courts-circuits, les coupures ou les courts-circuits à la terre ne doivent pas avoir d'effets sur les autres groupes.

## C. Disposition des lampes

1. L'éclairage de sécurité des voies d'évacuation et de sauvetage doit être suffisant au niveau du sol et tout au long du trajet jusqu'à la sortie à l'air libre.

2. Les lampes de sécurité supplémentaires disposées à une faible hauteur au-dessus du sol doivent être munies d'une protection incassable.

3. Les lampes de sécurité portatives ne sont admises que dans les locaux dont l'accès est réservé au personnel de l'exploitation. Après utilisation, les lampes doivent être rechargées à l'emplacement prévu.

## Lexique

la directive 要求（多用 pl.）

l'agrandissement *m.* 扩建

l'enclenchement *m.* 接通

l'interrupteur *m.* 开关

la batterie d'accumulateur 蓄电池

le surintensité 过载电流

l'éclairage artificiel *m.* 人工照明

le court-circuit 短路

l'alimentation électrique *f.* 供电

l'affectation *f.* 规定用途

l'issue *f.* 出口

être muni de 装有……的

l'évacuation *f.* 疏散

être pourvu de 配备有……的

la signalisation 标志

## Notes

1. **法国以及世界其他标准组织和代号**：

全球性的：

CEI : Commission électrotechnique internationale 国际电子技术委员会

CEN : Comité européen de normalisation 欧洲标准化委员会

ISO : L'Organisation internationale de normalisation 国际标准化委员会

国家级的：

GB : GUOJIA BIAOZHUN 中国国家标准

AFNOR : Association française de normalisation 法国标准化协会

ANSI : American National Standards Institute 美国标准化协会

ASTM International : American society for testing and material 美国材料检测所

BSI : British Standards Institute 巴西标准化协会

DIN : Deutsches Institut für Normung 德国标准化协会

NBN : Institut belge de normalisation 比利时标准化协会

JSA : Japanese Standards Association 日本标准化协会

2. **La norme 与 le standard 的区别**：Normes 是经权威机关批准并正式发布实施的标准，而 standard 则是某个实体首先实行而得到其他行业认可的标准，也称"事实标准"。如 Word 文件格式标准。英语中没有这种区别。Un standard est un référentiel publié par une autre entité. En fait on ne parle de standard qu'à partir du moment où le référentiel a une diffusion large, on parle alors de standard de facto (standard de fait), en informatique les formats PDF ou les fichiers Microsoft Word en sont des exemples très connus.

3. **La norme française 法国标准**：分为正式标准 (HOM)、试行标准 (EXP)、注册标准 (ENR) 和标准化参考文献 (RE)4 种。截至 1998 年底，共有 19 500 个 NF 标准。

4. **VKF/AEAI 州火灾保险协会**: Vereinigung Kantonaler Feuerversicherungen( 德语 ) / Association des établissements cantonaux d'assurance incendie

---

## Exercices

### 1. Traduire les mots et les expressions suivants en français.

| | | |
|---|---|---|
| 疏散通道 | 应急标志 | 规定用途 |
| 法国标准化协会 | 法国标准代号 | 美国材料检测所 |
| 标准代号 | 德国标准代号 | 人工照明 |
| 第一条 | 相关部门 | 应急电源 |
| 供电 | 短路 | · |

### 2. Traduire la définition suivante en chinois.

#### Définition

*...Est considéré comme éclairage de secours ou installation de secours tout système fixe qui, lors d'une interruption imprévisible de la tension*

*d'alimentation, s'allume immédiatement et permet sans intervention manuelle*

*d'éclairer les locaux, les circulations, les issues de secours et la signalisation*

*pendant la durée du défaut ou au minimum pendant une heure après son*

*enclenchement, dans une température ambiante comprise entre 0 et 50*

*degrés C°  ...*

## 3. Traduire le texte suivant en chinois.

### Normes d'émissions « Euro »

La législation européenne est de plus en plus sévère sur les rejets des moteurs diesels. Les normes d'émissions « Euro » se succèdent. La mise en œuvre se fait dans des délais légèrement décalés pour les moteurs diesel et essence.

- Euro 0 : véhicules mis en service après 1988 ;
- Euro 1 : véhicules mis en service après 1993 ;
- Euro 2 : véhicules mis en service après 1996 ;
- Euro 3 : véhicules mis en service après 2000 ;
- Euro 4 : véhicules mis en service après 2005 ;
- Euro 5 : après septembre 2009 pour la réception et janvier 2011 pour l'immatriculation de véhicules neufs ;
- Euro 6 : après septembre 2014 pour la réception et septembre 2015 pour l'immatriculation de véhicules neufs.

Masse limite tolérée des émissions en mg/km.

### Véhicules à moteur Diesel :

| Norme | Euro 1 | Euro 2 | Euro 3 | Euro 4 | Euro 5 |
|---|---|---|---|---|---|
| Oxydes d'azote (NOX) | - | 700 | 500 | 250 | 180 |

| | | | | |
|---|---|---|---|---|
| Monoxyde de carbone (CO) | 2720 | 1000 | 640 | 500 | 500 |
| Hydrocarbures (HC) + NOX] | 970 | 900 | 560 | 300 | 230 |
| Particules (PM) | 140 | 100 | 50 | 25 | 5 |

## Véhicules à moteur essence ou fonctionnant au GPL ou au GNV :

| Norme | Euro 1 | Euro 2 | Euro 3 | Euro 4 | Euro 5 |
|---|---|---|---|---|---|
| Oxydes d'azote (NOX) | 1000 | 500 | 150 | 80 | 60 |
| Monoxyde de carbone (CO) | 2800 | 2200 | 2200 | 1000 | 1000 |
| Hydrocarbures (HC) | 1000 | 500 | 200 | 100 | 100 |
| Particules (PM) | - | - | - | - | 5(*) |

(*) Uniquement pour les voitures à essence à injection directe fonctionnant en mélange pauvre.

Les normes Euro demeurent des mesures théoriques, calculées sur des véhicules dépourvus d'options, suivant des cycles standardisés qui ne sont pas une image représentative de la marche réelle des véhicules sur les routes. Les moteurs sont en outre réglés pour respecter la norme dans le cadre légal. Les valeurs s'envolent par exemple très rapidement quand les véhicules dépassent les 130 km/h, vitesse maximale autorisée en France. Il n'en demeure pas moins que ces moteurs produisent, à puissance égale, moins de rejets polluants que des moteurs d'ancienne génération.

## Lecture

## Critères de qualité du sucre dans l'Union européenne

L'Union européenne a adopté une méthodologie très précise pour évaluer la qualité d'un type de sucre. Les sucres types blancs sont des sucres dont la concentration en saccharose est supérieure à 99.5% et les sucres types bruts sont ceux dont la concentration en saccharose est inférieure à 99.5%. Les critères de qualité sont proches de ceux du Codex. Concernant le sucre blanc, le règlement établissant l'organisation commune de marché du sucre définit des qualités types par un système d'attribution de points. Si le sucre totalise de un à huit points, sa qualité est « N°1 », l'appellation sucre raffiné ou sucre blanc raffiné est aussi employée. Si le sucre totalise de neuf à vingt-deux points, sa qualité est « N°2 », il est aussi appelé sucre ou sucre blanc. Si le sucre totalise plus de vingt-deux points il peut être classé comme sucre mi-blanc en fonction de ses autres caractéristiques.

## Caractéristiques du sucre brut de qualité type dans l'Union européenne

| Le rendement du sucre brut doit être au minimum de 92%, calculé comme suit: | |
|---|---|
| Sucre brut issu de betterave | Rendement=degré de polarisation-4 x teneur en cendres (en %) - 2 x teneur en sucre inverti (en %) - 1 |
| Sucre brut issu de canne | Rendement = 2 x degré de polarisation - 100 |

第六课 钢材
Acier

L'acier est le matériau de prédilection de l'architecture durable, créative et technique. Il cumule de multiples avantages pour la construction neuve, la rénovation ou l'évolution des bâtiments.

## 1. Les demi-produits et les produits d'acier

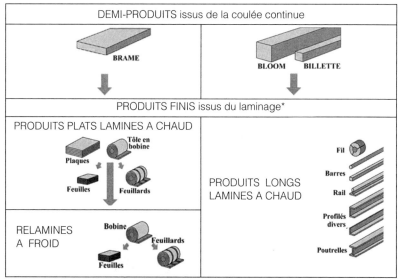

\* Tous les produits ne sont pas mis en forme par laminage : Ils peuvent être forgés, moulés à partir d'acier liquide ou encore fabriqués à l'aide de poudres d'alliages.

## 2. Familles de produits d'acier

2.1 Poutrelles

Les poutrelles sont des produits laminés à chaud dont la section droite rappelle celle des lettres I, H ou U.

| Poutrelles classiques | Poutrelles en T | Poutrelles en U | Poutrelles alvéolaires |
|---|---|---|---|
| 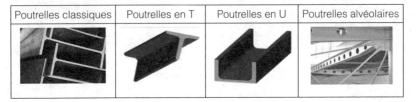 | | | |

2.2 Tubes

Les produits tubulaires peuvent être fabriqués de deux manières : tubes sans soudure et tubes soudés.

| Tube rond | Tube carrée | Tube rectangle | Tube ovale |
|---|---|---|---|
| 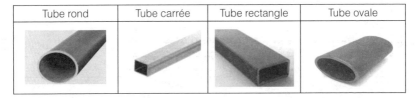 | | | |

2.3 Barres

| Barre ronde | Barre carrée | Barre plate | Rond à béton |
|---|---|---|---|
| 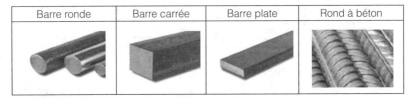 | | | |

2.4 Profilés

| Profilé en U | Cornière | palplanche | Profilés spéciaux |
|---|---|---|---|
| 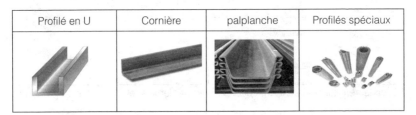 | | | |

## 2.5 Tôles

| Tôles perforées | Tôles striées | Tôles ondulées | Tôles galvanisées |
|---|---|---|---|
| | | | |
| Fer-noir | Fer-blanc | | |
| | | | |

## 3. Comparatif de la nuance d'alliage dans différent pays

| Types \ Pays | Chine | France | Etats-Unis | Allemagne | Japon | ISO |
|---|---|---|---|---|---|---|
| Norme | GB | NF | ASTM | DIN | JIS | ISO630 |
| Acier au carbone de structure | Q235B | S235JR | Cr.D | S235JR | SS400 | E235B |
| Acier à outils | T8(A) | C80E2U | T72301 | C80W1 | SK5 | TC80 |
| Acier rapide | W6Mo5Cr4V2 | HS6-5-2 | T11302 (UNS) | S6-5-2 | SKH51 | HS6-5-2 (S4) |
| Acier inoxydable | 1Crl8Ni9 | Z12CNl8-09 | S30200 (UNS) | X10CrNis | SUS302 | 12 |
| Acier électrique | 35W250 | M250-35A | 36F320M | M250-35A | 35A250 | |

## 4. Propriété mécanique des certains matériaux

| Nuances normalisées | | Fer | Acier 45SCD6 | Acier Inox | Fonte |
|---|---|---|---|---|---|
| Module d'élasticité E | (Mpa) | 210000 | 220000 | 220000 | 100000 |
| Coefficient de Poisson | (sansDim) | 0,285 | 0,285 | 0,29 | 0,29 |
| Masse volumique | (kg/m$^3$) | 7850 | 7850 | 7850 | 7100 |
| Coefficient de Dilatation | (1/°K) | 12,5 | 13 | 15 | 11 |
| Conductivité thermique | (W/m°K) | 71,1 | 50 | 35 | 58 |
| Capacité Calorifique volumique | (J/m$^{3o}$K) | 3,65 | 3,58 | 3,74 | 3,83 |
| Limite élastique à la traction Re | (MPa) | 200 | 1450 | 200 | 200 |

## Lexique

le demi-produit 半成品

la coulée continue 连铸

la brame 扁平钢锭

le bloom 大钢坯

la billette 钢坯

le produit fini 成品

le laminage 轧制

la plaque 钢板

la tôle 薄钢板

la bobine 卷板

la feuille 薄板

le feuillard 带钢

laminer *vt.* 轧制

le fil 线材

la barre 棒坯

le rail 钢轨

le profilé 型材

la poutrelle 钢梁钢

forger *vt.* 锻造

mouler *vt.* 铸造

l'alliage *m.* 合金

la section 截面

la poutrelle alvéolaire 蜂窝梁

le rond à béton 钢筋

le profilé en U 槽钢

la cornière 角钢

la palplanche 钢板桩

la tôle striée 人字钢板

le fer-noir 黑铁皮

le fer-blanc 马口铁（镀锡）

la nuance （钢材）牌号

l'acier au carbone de structure *m.* 碳素结构钢

l'acier à outils *m.* 工具钢

l'acier rapide *m.* 高速钢

l'acier inoxydable *m.* 不锈钢

l'acier électrique *m.* 电工钢

## Notes

1. **Le fil 线材**：线材是指直径为 5-22mm 的热轧圆钢或者相当此断面的异形钢。因以盘条（le fil machine）形式交货，故又通称为盘条。

2. **Le profilé 型材**：本文中指钢轧制成的具有一定截面形状的棒材。

3. **Le module d'élasticité E 弹性模量**：抗弹性变形的一个量，材料刚度的一个指标。

4. **Le coefficient de Poisson 锻压比**：指金属变形程度的大小。

5. **La masse volumique 密度**：材料单位体积内的质量。

6. **Le coefficient de Dilatation 膨胀系数**：表征物体受热时其长度、面积、体积增大程度的物理量。

7. La conductivité thermique **导热性**：单位时间内通过导体横截面的热量。

8. La capacité Calorifique volumique **热容量**：令 1 千克的物质的温度上升（或下降）1 摄氏度所需的能量。

9. Limite élastique à la traction **屈服点**：开始出现塑性变形的强度。

10. 涉及钢材的翻译，作为翻译，应当掌握以下三个方面的知识：形状、材质和牌号。

---

**Exercices**

**1. Traduire les mots et les expressions suivants en français, trouver les images correspondantes sur Internet et les afficher à côté du mot concerné.**

| | | |
|---|---|---|
| 工字钢 | 钢轨 | 钢板桩 |
| 型钢 | 圆钢 | 钢板 |
| 角钢 | 线材 | 马口铁 |
| 镀锌板 | 盘圆 | 圆管 |
| 方管 | 无缝钢管 | 铸铁管 |
| 槽钢 | 螺纹钢 | 人字钢板 |
| 钢丝网 | 不锈钢 | 合金 |
| 钢筋 | 黑铁皮 | 屈服点 |

**2. Traduire le glossaire suivant en chinois.**

Un métal est dit **inoxydable** s'il résiste bien, en service, à des attaques chimiques, à des agressions par les acides, les bases, les sels, l'air humide et tout autre facteur de corrosion.

Les **aciers réfractaires** sont destinés à résister à la corrosion à chaud (températures supérieures à 450-550℃ ), dans des milieux agressifs tels que : atmosphères oxydantes, sulfurantes, nitrurantes, hydrogénantes ; métaux et sels fondus ; combustibles, etc. La température de fonctionnement élevée nécessite, de plus, une bonne tenue mécanique à chaud, en particulier une bonne résistance au fluage. La plupart de ces aciers réfractaires sont des aciers inoxydables dont les propriétés sont améliorées par des additions de Molybdène, Titane, Niobium, etc.

**Inclusions** : les processus d'élaboration conduisent parfois à l'apparition, généralement non souhaitée, de particules présentant des caractéristiques mécaniques différentes de la matrice. Ces particules stappellent des inclusions.

## Lecture

| Nuances normalisées | Module d' élasticitéE | Coefficient de Poisson | Masse volumique | Coefficient de Dilatation (*10E6) | Conductivité Thermique | Capacité Calorique volumique | Limite élastique à latraction |
|---|---|---|---|---|---|---|---|
| | (MPa) | (sansDim) | (kg/m$^3$) | (1/°K) | (W/m°K) | (J/m$^3$°K) | (Mpa) |
| Titane | 110000 | 0.33 | 4500 | 8.5 | 16.7 | 2.35 | 260 |
| TA6V | 105000 | 0.34 | 4400 | 8 | 7.2 | 2.3 | 870 |
| Alminium | 67500 | 0.34 | 2700 | 24 | 209 | 2.39 | 30 |
| AU4G | 74000 | 0.33 | 2800 | 22.6 | 159 | 2.69 | 240 |
| AU2GN | 73000 | 0.34 | 2750 | 22 | 159 | 2.64 | 400 |
| Zicral AZ8GU | 72000 | 0.35 | 2800 | 23.5 | 135 | 2.7 | 210 |
| Cuivre | 100000 | 0.34 | 8930 | 16.5 | 393 | 3.43 | 40 |
| Laition UZ40 | 92000 | 0.33 | 8400 | 20.8 | 121 | 3.16 | 180 |
| Bronze | 106000 | 0.35 | 8800 | 17.5 | 47 | 3.1 | 126 |
| Bronze Bé rylium | 130000 | 0.34 | 8250 | 17 | 47 | 3.45 | 175 |
| Béry lium | 294000 | 0.05 | 1850 | 12.3 | 160 | 1.88 | 60 |
| Magnésium | 45000 | 0.34 | 1740 | 27 | 160 | 1.88 | 60 |
| Plomb | 16700 | 0.44 | 11350 | 29.1 | 33 | 1.42 | 1.4 |
| Plexiglas | 2900 | 0.4 | 1800 | 81 | 0.18 | 1.62 | 80 |
| Verre | 6000 | 0.25 | 2600 | 6 | 0.98 | 2.18 | 50 |

第七课　燃油及润滑剂

# Carburant et lubrifiant

## 1. Produits pétroliers (Voir Fig.1)

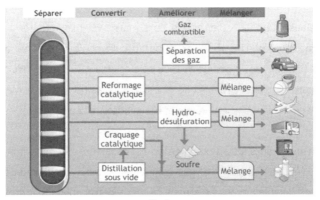

**Fig.1**

Par ordre de légèreté décroissante, les produits pétroliers sont (liste non exhaustive) :

- Les gaz légers (méthane et éthane)
- Le gaz de pétrole liquéfié (propane et butane)
- Les essences (automobiles)
- Le naphta
- Les kérosènes (carburants avion et chauffage domestique)
- Les gazoles (moteur diesel)

- Les paraffines
- Les huiles (lubrifiants)
- Les fiouls lourds (production de chaleur industrielle)
- Les cires (isolation électrique, bougies···)
- Les bitumes (revêtements routiers)

C'est par déstructuration et/ou recombinaison des molécules des éléments plus ou moins lourds que l'on obtient certaines matières plastiques à partir du naphta. C'est ainsi que par « craquage à la vapeur », on obtient de l'éthylène et du propylène, puis par polymérisation de l'éthylène ou du propylène, on obtient ensuite du polyéthylène ou du polypropylène, matières plastiques utilisées dans tous les domaines.

## 2. Caractéristiques principales du carburant

(1) **Densité15/4** : c'est le rapport de la masse volumique (le rapport masse sur volume) du produit à 15℃ par rapport à celle de l'eau mesurée à 4℃. En effet, à 4℃, la masse volumique de l'eau pure est égale à 1, c'est-à-dire que 1 litre d'eau à cette température pèse 1 kg tout rond. Limites MINIMALE et MAXIMALE : C'est une caractéristique importante et elle est déterminée pour tous les produits vendables.

(2) **Teneur en soufre (exprimée en % massique)** : comme il a été dit à plusieurs reprises, le soufre et ses composés sont très corrosifs et corrodent les métaux dans les circuits d'alimentation des carburants. Il est donc partout prohibé. Aussi c'est une caractéristique importante à déterminer. En toute logique, pour chaque produit on met une limite MAXIMALE de soufre.

(3) **Indice d'octane NOR** : cette caractéristique détermine la qualité d'un carburant automobile. Ici la limite est une limite MINIMALE.

(4) **Distillation** : c'est une caractéristique à déterminer afin de connaître le comportement d'un produit sous l'aspect « carburation ». Pour cela, on distille le produit à la pression normale et en recueillant les volumes distillés à chaque température spécifique (avant 70℃, avant 140 ℃ et avant 195℃), on détermine

la qualité du produit :

le point 10% distillés avant 70°C caractérise la facilité du démarrage à froid.

le point 50% distillés avant 140°C caractérise la souplesse dans les reprises, car ce point indique une bonne rapidité dans l'évaporation de l'essence.

le point 95% distillés avant 195 °C veut dire que le carburant ne contient pas trop de produits lourds néfastes au moteur (risque de formation de coke) et donne au moteur une plus grande longévité.

(5) **Viscosité** : c'est la résistance qu'opposent, les molécules d'un liquide quelconque, à une force tendant à les déplacer. La viscosité d'un corps diminue quand la température augmente, par conséquent, la viscosité doit, toujours être donnée, avec une température. Sans celle-ci, sa valeur n'a aucune signification. Dans la pratique, on détermine la viscosité cinématique en cSt à 20 °C (fioul domestique), à 40 °C (gasoils) à 50 °C et à 100 °C (fiouls lourds). Il existe deux viscosités :

- **la viscosité dynamique** absolue, exprimée en poise,

- **la viscosité cinématique** qui s'exprime en stocke, mais le plus souvent en CentiStoke (cSt).

La limite peut être MINIMALE ou MAXIMALE ou les deux. Les valeurs peuvent être données dans différentes unités pratiques :

- centiStokes (cSt)
- degrés Engler (°E)
- secondes Redwood
- Saybolt Furol
- Saybolt Universal
- mm$^2$/s

(6) **Indice de cétane** : cet indice est comparable à l'indice d'octane pour les essences, mais ici on mesure l'aptitude à l'inflammation rapide du produit (gasoils). Il se mesure avec un moteur analogue au moteur CFR. La mesure se fait par comparaison avec un mélange de référence de cétane (celui-ci s'enflamme très bien) et d'alpha-méthyl-naphtalène qui ne s'enflamme pas spontanément. Pour cette caractéristique, la limite est MINIMALE.

(7) **Point éclair** : c'est la température à laquelle les vapeurs libérées par le

produit explosent lors de l'application d'une flamme. La limite est MINIMALE.

(8) **Point de congélation** : c'est une caractéristique importante pour le Jet Fuel, c'est la température en℃ mesurée au moment où les premiers cristaux apparaissent. La limite est MAXIMALE.

(9) **Point d'écoulement** : il est déterminé par la plus basse température à laquelle, dans les « conditions normalisées » un liquide conserve une fluidité suffisante. La limite est MINIMALE.

(10) **Point de trouble** : c'est la température à laquelle, le produit donne un aspect trouble, quand on le refroidit dans des conditions normalisées. La limite est MAXIMALE.

(11) **Température limite de filtrabilité (TLF)** : est la température à laquelle, par diminution de la température du produit, celui-ci ne parvient plus à traverser un filtre dont les caractéristiques sont définies par des normes fixées à l'avance, en étant aspiré par une dépression contrôlée. La limite est MAXIMALE.

## Lexique

le carburant  燃油
le lubrifiant  润滑剂
le méthane  甲烷
l'éthane  *m.*  乙烷
le propane  丙烷
le butane  丁烷
le naphta  石脑油
le kérosène  航空煤油
le gazole  柴油
le gasoil[gazɔjl]  柴油
le fioul[fjul]  重油
le bitume  沥青
l'asphalte  *m.*（石油）沥青混料（沥青 + 石子）
la distillation  分馏

la déstructuration  结构破坏
la molécule  分子
le craquage  热裂化
l'éthylène  *m.*  乙烯
le propylène  丙烯
la polymérisation  聚合（作用）
le polyéthylène  聚乙烯
le polypropylène  聚丙烯
la molécule  分子
la densité  密度
la viscosité cinématique  运动黏度
la poise  泊（黏度单位）
la viscosité dynamique  动力黏度
l'indice de cétane  *m.*  十六烷值
l'alpha-méthyl-naphtalène  *m.*  α- 甲基萘

le fuel 油；燃料油
la filtrabilité 过滤性
la chaîne 链条
le guide-chaîne 链条导向器
le pignon 小齿轮
le palier 轴承座
lisse *a.* 光滑的

la tronçonneuse 截断机
l'adhésivité *f.* 黏合性
l'enduit *m.* 涂层
l'éclaboussure *f.* 溅出的污物
le convoyeur 输送机
le solvant 溶剂
l'empreinte *m.* 痕迹

## Notes

1. **GPL 液化气：** Le gaz de pétrole liquéfié。

2. **PCI 低限热值：** Pouvoir calorifique inférieur (PCI)。

3. **GNV 车用天然气：** Le gaz naturel pour véhicules。

4. **Le moteur CFR：** 一种专门检测汽车燃料的引擎。

5. **Techdata：** 一家美国技术数据公司。

6. **« Gazole » ou « gasoil »** ? Le mot « gazole » est issu du mot anglais gasoil (fioul, mazout). Ce terme est surtout utilisé en France. Dans d'autres pays, comme la Belgique, le Canada et la Suisse, le produit est connu comme « diesel », mot issu du nom de l'inventeur du moteur Diesel. 柴油。

7. **« Fuel » ou « fioul »** ? Le mot « fioul »est issu de la francisation du mot anglais fuel, lequel désigne tout combustible (bois, « bois énergie », charbon, etc.) ou carburant. Ce faux anglicisme est surtout utilisé en France, peut-être même moins que « mazout ». D'ailleurs, le mot anglais fuel provient du franco-normand fouaille : « ce qui est bon pour le feu ».Le terme anglais désignant le « fioul » est fuel-oil (« huile combustible »). En Belgique, au Canada, au Maroc, en Suisse, en Tunisie et aussi en France, le produit est connu aussi comme « mazout », mot dérivé du russe « мазут ». Au Canada et en Suisse, le mazout est également nommé « huile de chauffage » ou simplement « huile ». 重油。

8. 每种产品都有一个安全使用文件，详细说明使用该材料时，应该使用什么防护手段，出现意外事件时，应该采取什么措施。当然，也说明了该产品的一些化学物理特征，便于使用者了解和使用，以免出现危险。

## 1. Traduire les mots et les expressions suivants en français.

| | | |
|---|---|---|
| 润滑剂 | 润滑油 | 润滑液 |
| 润滑脂 | 航空燃油 | 柴油 |
| 汽油 | 重油 | 重柴油 |
| 煤油 | 燃油 | 辛烷值 |
| 低热值 | 沥青 | 聚乙烯 |
| 聚丙烯 | 液化气 | 天然气 |
| 黏度 | 闪点 | 倾点 |
| 密度 | 溶剂 | |

## 2. Utiliser Internet : trouver le sens en chinois de *point d'écoulement*, et faire le bilan de vos démarches.

## 3. Traduire les mots et les expressions suivants en français.

A l'attention de M. XX

Réf. : 72-01/16042012

Vitré, le 3 juin 2013

Monsieur,

Nous vous prions de bien vouloir trouver ci-dessous le rapport d'analyse de carburant concernant le prélèvement reçu en date du 03/04/2012.

### a. Qualification de l'échantillon

N° Etiquette : 72-01

Réf. Analyse : 72-01

Réf. Affaire : XX

Type de matériel : TRACTEUR

Modèle : ARES 566

Numéro de série : N/C

Marque et modèle du moteur :

Marque et modèle de la pompe à injection :

Heures moteur : N/C

Capacité en litres : N/C

Additif : NON

Date prélèvement : 03/04/12

Date réception : 03/04/12

Condition du prélèvement : RÉSERVOIR

Type de carburant : GNR

## b. Rapport d'analyse

| ANALYSES PHYSICO-CHIMIQUES | | | | SEQ 5401 |
|---|---|---|---|---|
| Test | Unité | Normes | | Résultats d'Analyses |
| Eau Karl Fisher | ppm | Maximum 200 mg/kg | NF ISO6296-EN ISO12397 | 202 |
| Bactéries | | | NF M 07-070 | 1000000 |
| Levures | | | NF M 07-070 | Négatif |
| **Champignons** | | | **NF M 07-070** | **Fort** |
| Pollution solide | mg/Kg | Max 24 mg/kg | NF EN 12662 | Hors norme |
| EMAG | % | | ASTM D 7418 | 4,9 |
| Aspect | | | N/A | Dépôt léger |
| Point Eclair vase clos | °C | | NF EN ISO 2719 | 65 |
| Masse volumique à 15°C | Kg/m$^3$ | 820 à 880 kg/m$^3$ | NF EN ISO 12185 | 834 |
| Couleur | | | N/A | Rouge clair |
| Corrosion lame de cuivre | à 60°C max 460µm | Classe 1 | NF EN ISO 2160 | N/A |
| Pouvoir lubrifiant | µm | <460 | NF EN ISO 12156-1 | N/A |
| Viscosité à 40°C | mm$^2$/s | 2,00 à 4,50 mm$^2$/s | NF EN ISO 3104 | 2,58 |

## c. Synthèse / Bilan carburant

☐ Carburant conforme aux normes et utilisable en l'état.

☐ Carburant dans les limites de tolérances des normes. A utiliser avec contrôle des matériels.

☐ Carburant hors normes, dangereux pour les matériels en cas d'utilisation.

---

**Lecture**

### Caractéristiques et avantages du lubrifiant TechDATA :

### huiles pour chaîne Duratac

## 1. Caractéristiques

### Caractéristiques

| CARACTERISTIQUE | METHODE D'ESSAI | 32# | 68# | 100# | 150# |
|---|---|---|---|---|---|
| Texture | PMC 264 | Fibreuse | Fibreuse | Fibreuse | Fibreuse |
| Viscosité, cSt, à 40°C | D445 | 32 | 68 | 100 | 150 |
| CSt à 100°C | D445 | 6,3 | 10,4 | 13,4 | 16,8 |
| Indice de viscosité | D2270 | 151 | 140 | 133 | 120 |
| Point d'éclair COC, °C / °F | D92 | 190 / 374 | 210 / 410 | 210 / 410 | 210 / 410 |
| Point de congélation, °C / °F | D97 | -42 / -44 | -39 / -38 | -36 / -33 | -30 / -22 |
| Couleur | PMC 264 | Rouge foncé | Brune | Brune | Rouge foncé |
| Essai antirouille, A et B, 24h | D665 | Réussi | Réussi | Réussi | Réussi |
| Essai d'usure sur machine à 4 billes, diamètre de l'empreinte, mm 1 200 tr/min, 1h à 15kg, 75°C | D4172 | 0,25 | 0,25 | 0,25 | 0,25 |

## 2. Avantages

2.1 Économiques

- Les huiles Duratac sont formulées pour la lubrification à l'huile perdue.
- Leur nature adhésive et fibreuse réduit la consommation d'huile.
- Elles réduisent ltusure au minimum.

2.2 Excellente capacité de mouillage du métal

- Couvrent complètement la surface du guide-chaîne, la chaîne et les rainures.
- Pénètrent tous les points d'attache.
- Prolongent la durée utile de la chaîne.

2.3 Protection à long terme contre la rouille et la corrosion.

- Protègent la chaîne et le guide-chaîne contre la rouille.

2.4 Protection anti-usure améliorée.

- Aident à éviter les dommages causés par le contact métal contre métal entre la chaîne, le guide-chaîne et les pignons d'entraînement.
- Prolongent la durée utile de la chaîne et du guide-chaîne.

2.5 Réduction de l'égouttement et des pertes par projection

- Les huiles Duratac sont spécialement formulées pour adhérer aux chaînes et pour être utilisées dans les paliers lisses. Leur nature fibreuse diminue les pertes par projection, réduisant ainsi le nettoyage et le gaspillage.

2.6 Grande adhérence à toutes les pièces

- Résistent aux pertes par projection
- Résistent très bien à l'eau
- Assurent une meilleure lubrification
- Réduisent la consommation d' huile

## 2.7 Possibilités d'utilisation

Les huiles pour chaînes Duratac 32, 68, 100 et 150 sont conçues pour :

- le graissage manuel des chaînes de plates-formes dans les scieries;
- la lubrification des chaînes et des guide-chaînes de tronçonneuses;
- la lubrification des paliers lisses qui fuient ou qui fonctionnent à basse vitesse;
- la lubrification des guide-chaînes et des pignons.

L'huile pour chaînes Duratac 32 (couleur rouge) est formulée pour l'utilisation en hiver et au début du printemps. Son point d'écoulement de -42°C / -44°F permet de l'utiliser à des températures extrêmement basses. L'huile pour chaînes Duratac 32 est aussi recommandée comme enduit de filtre à air lorsqu'une huile à haute adhésivité est requise pour le dépoussiérage.

L'huile pour chaînes Duratac 150 (couleur rouge) est formulée pour l'utilisation durant les saisons plus chaudes. En plus de servir à la lubrification des chaînes de tronçonneuses, l'huile Duratac 150 peut aussi être utilisée lorsqu'on spécifie une huile adhésive anti-éclaboussure pour la lubrification des mécanismes comme les chaînes d'entraînement et les paliers des convoyeurs ainsi que les engrenages ouverts.

Comme les chaînes s'usent rapidement lorsqu'elles sont mal lubrifiées, il est important de conserver les réservoirs d'huile pleins et de vérifier régulièrement la pompe à huile.

Avant de procéder à l'installation d'une nouvelle chaîne, il serait bon de la laisser tremper pendant quelques heures dans un contenant propre rempli d'huile pour chaînes Duratac. Le lubrifiant pourra ainsi pénétrer tous les points d'attache et prévenir l'usure et la rouille. On peut prolonger la durée utile d'une chaîne en la nettoyant régulièrement au moyen d'( =avec ) un solvant comme le Petrosol 3139. Après le nettoyage, il faudrait de nouveau laisser tremper la chaîne dans l'huile pour chaînes Duratac avant de la réinstaller.

Les données ci-dessus correspondent à une production normale et ne constituent pas de spécifications.

第八课 销售合同
Contrat de commercialisation

# CONTRAT (SIMPLIFIE) DE DISTRIBUTION EXCLUSIVE

**ENTRE LES SOUSSIGNES :**

La société_____, Société_____ (**FORME JURIDIQUE**) au capital de _____ Euros, dont le siège social est _____, enregistrée au Registre du Commerce et des Sociétés de _____ sous le numéro _____, représentée par _____, ci-après désignée le « CONCEDANT »,

**D'UNE PART,**

**ET :**

La société _____, Société (**FORME JURIDIQUE**) au capital de _____ Euros, dont le siège social est _____, enregistrée au Registre du Commerce et des Sociétés de _____ sous le numéro _____, représentée par _____, ci-après dénommée les « CONCESSIONNAIRE »,

**D'AUTRE PART,**

**ETANT PREALABLEMENT RAPPELE QUE :**

La société _____ est spécialisée dans la fabrication et la distribution sous la marque _____ de produits et/ou services _____ .

La commercialisation de ces produits et services est assurée au moyen d'un réseau de distributeurs exclusifs regroupés sous l'enseigne _____ ...

La société _____ a souhaité pouvoir bénéficier de la qualité de Concessionnaire exclusif ...

Les parties se sont rapprochées afin de confier à la société _____ la commercialisation, en qualité de Concessionnaire, des produits et services ...

**IL A ETE ENSUITE CONVENU ET ARRETE CE QUI SUIT :**

**ARTICLE I - Concession**

Le Concédant confère au Concessionnaire, qui accepte, la distribution exclusive des produits et services dont la liste figure à l'annexe ___ ci-jointe ...

Une exclusivité territoriale est accordée au Concessionnaire sur le territoire visé à l'annexe _____ ci-jointe.

Le Concessionnaire s'engage à s'approvisionner exclusivement auprès du Concédant s'agissant des produits objet du présent contrat.

A défaut, le contrat sera résilié immédiatement et sans préavis, dans les conditions visées ci-dessous.

Le Concédant déclare que la gamme de produits visée à l'annexe _____, dont la distribution est confiée en exclusivité au Concessionnaire, est évolutive ...

En conséquence, le Concédant pourra le modifier comme bon lui semble ...

**[ARTICLE II - Marque et Enseigne]**

**ARTICLE III - Assistance du Concédant**

Afin de faciliter l'installation du Concessionnaire, le Concédant s'engage, dans le but d'améliorer les conditions de commercialisation des produits et services objet du présent contrat, à apporter au Concessionnaire son assistance et ses services dans les domaines suivants :

- l'étude de l'implantation ...
- l'installation, l'agencement, l'aménagement des locaux ...

Le Concédant s'engage, par ailleurs, à assister le Concessionnaire pendant l'exécution du contrat, dans les domaines suivants :

- formation du Concessionnaire et des membres de son personnel,
- recherche et développement,
- promotion des ventes,
- gestion et administration,
- formation initiale du Concessionnaire et des membres du personnel ...

## ARTICLE IV - Approvisionnement

Le Concédant s'engage à assurer l'approvisionnement exclusif et régulier du Concessionnaire dans les zones territoriales définies à l'annexe _____.

Le Concédant s'interdit d'approvisionner d'autres revendeurs sur la zone territoriale définie dans l'annexe _____.

En cas de retard de paiement, le Concessionnaire supportera un intérêt de retard calculé au taux de _____ % sans mise en demeure préalable et sans préjudice du droit pour le Concédant de résilier le contrat ...

**[ARTICLE V - Conditions d'approvisionnement]**
**[ARTICLE VI - Usage de la marque et de l'enseigne du Concédant]**
**[ARTICLE VII – Assurances]**
**[ARTICLE VIII - Prix de revente des produits]**
**[ARTICLE IX - Déclaration d'indépendance réciproque]**
**[ARTICLE X - Durée du contrat]**

[durée déterminée]

[renouvellement par tacite reconduction]

[durée indéterminée]

Le présent contrat est conclu pour une durée indéterminée.

Il prend effet à compter du _____.

Il pourra être résilié à tout moment par l'une ou l'autre des parties, sous réserve du respect d'un délai de prévenance de _____ mois.

La résiliation sera notifiée par lettre recommandée avec avis de réception.

**[ARTICLE XI - Non-concurrence]**

**[ARTICLE XII - Prohibition de cession]**

**[ARTICLE XIII - Confidentialité et discrétion]**

## ARTICLE XIV - Résiliation

Le présent contrat pourra être résilié par anticipation par l'un ou l'autre des parties, en cas de violation de l'un quelconque des engagements stipulés …

La résiliation anticipée prendra effet un mois après l'envoi d'une mise en demeure restée sans effet, notifiée par lettre recommandée avec demande d'avis de réception.

[Conséquences de la cession du contrat]

En cas de cessation du présent contrat, les parties se retrouveront placées dans la situation antérieure à celle de la signature de celle-ci.

(…)

**[ARTICLE XV - Clause d'arbitrage]**

**[ARTICLE XVI – Droit applicable]**

**[ARTICLE XVII – Divisibilité]**

**ARTICLE XVIII - Enregistrement**

Le présent contrat entraînant un droit d'usage sur la marque et l'enseigne du fournisseur, sera enregistrée à l'INPI aux frais du Concessionnaire.

Ce contrat pourra également être présenté à la formalité de l'enregistrement, si l'une des parties le souhaite, aux frais de celle-ci.

Fait à_____

le_____

en cinq exemplaires originaux, dont un pour l'enregistrement à la Recette des Impôts, et un pour l'enregistrement auprès de l'INPI.

| | |
|---|---|
| **Société** | **Société** |
| **Le Concédant** | **Le Cessionnaire** |

## Lexique

soussigné, e 署名者，签字人

le concédant 出让人

l'enseigne *m.* 标志招牌

le concessionnaire 受让人，特许人

l'article *m.* 条款

au moyen de 通过（……的方式）

la concession 特许，特许权

territorial, e *a.* 区域的

évolutif, ve *a.* 发展变化的

l'implantation *f.* 安装，布置

l'agencement *m.* 安排，布置

le préjudice 损害

tacite *a.* 默示的

prendre effet 生效

la prévenance 提前告知

la prohibition 禁止

la cession 转让

l'apport *m.* 投资入股

la divisibilité *m.* 个案处理原则

## Notes

1. **Les Parties 合同的各方**：注明合同签字的各个单位或个人。

2. **IL A ETE PREALABLEMENT EXPSE CE QUI SUIS 背景介绍**（法语要求大写）：主要说明合同签定的缘由。

3. **La définition 释义**：同样的一个词语在不同的合同中可能有不同的含义和范围

限制。为了避免在执行合同时理解和解释的分歧，合同中专门有一个章节对这些词语进行界定，明确其准确的含义。

4. **Les conditions générales 一般条款**：合同的主要内容，是指合同中针对多个合同方都适用的条款。如销售方是同一个人，而购买方是很多人，而与每个购买者签订的合同中有一部分条款都是相同的。这部分条款就是一般条款。

5. **Les conditions particulières 特别条款**：合同的主要内容，是指合同中针对每个合同方都有所不同的条款。如在商品买卖中，每个购买者购买的数量、品种、交货时间、付款方式都可能有区别，合同中这部分不同的内容就是特别条款。

6. **La confidentialité et la discrétion 保密条款**：合同内容之一，合同各方应该遵循的保密方面的规定。

7. **La signature 签字落款**：合同内容之一，除了有合同各方代表人的签字，还需注明原件一式几份、签于什么地方、签订时间等内容。

8. **INPI 法国国家工业产权局**：L'Institut National de la Propriété Industrielle (INPI) est un établissement public, créé en 1951, placé sous la tutelle du secrétaire d'État auprès du Ministre de l'Économie, des Finances et de l'Industrie.

9. **La Recette des Impôts**：税务局

10. 合同最基本的套语：

以下是每份正规合同都应该有的套语，要注意，都是大写：

ENTRE LES SOUSSIGNES :

D'UNE PART,

ET :

D'AUTRE PART,

以……为一方，

以……为另一方，

ETANT PREALABLEMENT RAPPELE QUE :

背景说明：

IL A ETE ENSUITE CONVENU ET ARRETE CE QUI SUIT :

双方达成如下协议：

11. 本讲重点是掌握合同的一些惯用语，并把握翻译的尺度。

## 1. Traduire les mots et les expressions suivants en français.

| | | |
|---|---|---|
| 知识产权 | 独家经销 | 合同附件 |
| 后附的 | 签字人 | 出让人 |
| 受让人 | 风险 | 特许权使用费 |
| 配额 | 保险单 | 根据本合同 |
| 所有权 | 购买保险 | 承担各自的经营 |
| 生效 | 转让 | 租赁经营 |
| 入股 | 一式三份 | 执行法律 |
| 调停 | 仲裁 | 中止合同 |
| 修改合同 | 取消合同 | 违背合同 |
| 解除合同 | 催告书 | 回执 |
| 挂号信 | 合同期限 | 提前解除合同 |
| 合同到期 | 保密条款 | 事前的明确的书面同意 |
| 商业资产 | 进货 | 商业合作合同 |
| 促销政策 | 保证做到 | 无须预先通知 |
| 他认为合适时 | | |

## 2. Traduire le texte suivant en chinois.

**ARTICLE VI - Usage de la marque et de l'enseigne du Concédant**

Le Concessionnaire reconnaît que l'usage qui lui est concédé, aux termes du présent contrat, de la marque, de l'enseigne et des autres signes distinctifs, ne lui confère aucun droit de propriété.

Il s'engage à faire en sorte que toute confusion soit évitée, dans l'esprit des clients et prospects, sur l'usage et sur sa qualité de commerçant indépendant …

Il s'oblige à user paisiblement de la marque, de l'enseigne et des droits du Concédant …

**ARTICLE XI - Non-concurrence**

Le Concessionnaire s'interdit pendant la durée du présent contrat, de s'intéresser directement ou indirectement à des activités similaires ou concurrentes de celles exercées par le réseau de distribution exclusive du Concédant, et ce sous quelque forme et de quelque manière que ce soit.

**3. Distinguer les clauses favorisant au CONCEDANT ou CONCESSIONNAIRE dans le texte.**

---

**Lecture**

## NON-CONCURRENCE

Le Concessionnaire s'interdit pendant la durée du présent contrat, de s'intéresser directement ou indirectement à des activités similaires ou concurrentes de celles exercées par le réseau de distribution exclusive du Concédant, et ce sous quelque forme et de quelque manière que ce soit.

## PROHIBITION DE CESSION

Le présent contrat étant conclu intuitu personae, il ne pourra être cédé ou transféré de quelque manière, à quelque titre et à quelque personne que ce soit et notamment sous forme de cession de fonds de commerce, de mise en location-gérance de fonds de commerce ou de cession de titres ou d'apport en société de l'entreprise exploitée par le Concessionnaire sans l'accord express, préalable et écrit, du Concédant.

## CONFIDENTIALITE ET DISCRETION

Le Concessionnaire s'engage pendant toute la durée du présent contrat et sans limitation après son expiration à la confidentialité la plus totale et à une complète discrétion, concernant toutes informations auxquelles il aurait pu avoir accès dans le cadre de l'exécution du présent contrat.

Le Concessionnaire s'engage à faire respecter cette obligation par tous les membres de son personnel.

第九课 采购

# Approvisionnement

## 1. Bon de commande

### BON DE COMMANDE DES MATERIAUX

| **FRANS BONHOMME** tubes et raccords plastiques | **CLIENT** | | | | **ADRESSE LIVRAISON** | | |
|---|---|---|---|---|---|---|---|
| | NOM : | | | | | | |
| ZI SOUSSON RTE DE TARBES | TELEPHONE : | | | | | | |
| 32550 PAVIE | FAX : | | | | | | |
| TEL. 05 62 61 57 02 | | | | | | | |
| FAX. 05 62 61 57 03 | Facture du/ /20 N° 785880 | | | | | | |
| N°CLIENT :099247 0 | EN EUROS | | | | | | |

| CODE ARTICLE | DESIGNATION | | QTE. | P.U. BRUT | %RE MISE | P.U. NET | MONTANT H.T. |
|---|---|---|---|---|---|---|---|
| 00561 K | TUBE PVC DN125 | 4M | 76,00 | 2,34 | | 2,34 | 177,84 |
| 09590 Z | PE80 EAU POTABLE DN25 PN16 | 100M | 1,00 | 52,95 | | 52,95 | 52,95 |
| 09589 Y | PE80 EAU POTABLE DN25 PN16 | 50M | 1,00 | 26,48 | | 26,48 | 26,48 |
| 81825 Q | JONCTION SERRAGE EXT. DN25 | | 1,00 | 6,40 | | 6,40 | 6,40 |
| 75537 F | GRILLAGE AVERTISSEUR ROUGE | 30CM × 100M | 1,00 | 14,64 | | 14,64 | 14,64 |
| 14605 A | TPC ANN. DOUBL. PAROI DN63 ROUGE | 50M | 3,00 | 27,66 | | 27,66 | 82,98 |
| 28306 S | MANCHON POUR TPC ANNELE DN63 | | 2,00 | 1,81 | | 1,81 | 3,62 |
| 00216 K | TUBE PVC GAINE LST | 0,45 × 1,86M | 150,00 | 0,59 | | 0,59 | 88,50 |
| 00040 T | TRANSPORT | | 1,00 | 40,00 | | 40,00 | 40,00 |

| REGLEMENT : à la livraison/ à 30 jours net | TOTAL QUANTITES | 236,00 | MONTANT HORS TAXE | | 493,41 |
|---|---|---|---|---|---|
| ☐ESPECES ☐VIREMENT ☐C.B. ☐CHEQUE ☐TRAITE | | | T.V.A. 19,6% | | 96,71 |
| « BON POUR ACCORD POUR LE MONTANT ET LES PRESTATIONS CI-DESSUS » SIGNATURE DU CLIENT : | TRANSPORTEUR : POIDS : 233,386kg | | TOTAL A PAYER | | 590,12 |

## 2. Devis

| N° | Désignations | Uté. | Qté. | Prix Unitaire |
|---|---|---|---|---|
| 602 | La structure du pont supérieure | | | |
| 602.1 | Béton | | | |
| 602.1.1 | Poutre préfabriquée précontrainte du béton armé C45 | m³ | 97,80 | |
| 602.1.2 | Poutre préfabriquée coulée sur place du béton armé C45 | m³ | 14,40 | |
| 602.1.3 | Tablier coulé sur place du béton armé C40 | m³ | 58,30 | |
| 602.1.4 | Poutre préfabriquée précontrainte du béton armé C35 | m³ | 90,80 | |
| 602.1.5 | Poutre préfabriquée coulée sur place du béton armé C35 | m³ | 16,00 | |
| 602.1.6 | Coulage sur place du béton armé C30 | m³ | 29,20 | |
| 602.2 | Béton bitumineux AC-13（ép. 5cm) | m³ | 21,00 | |
| 602.3 | Trois couches hydrofuges modifiées de FYT-1 | m² | 550,00 | |
| 602.4 | Câble d'acier Φs15.2 | kg | 2 291,80 | |
| 602.5 | Tige d'Acier | | | |
| 602.5.1 | Achat, façonnage d'acier HRB335, Φ12 | kg | 45 556,09 | |
| 602.5.2 | Achat, façonnage d'acier HRB335, Φ16 | kg | 643,50 | |
| 602.5.3 | Achat, façonnage d'acier HRB335, Φ20 | kg | 8281,13 | |
| 602.5.4 | Achat, façonnage d'acier HRB335, Φ25 | kg | 11118,20 | |
| 602.5.5 | Achat, façonnage d'acier HRB335, Φ28 | kg | 4311,20 | |
| 602.5.6 | Achat, façonnage d'acier rond HRB335, Φ10 | kg | 14534,90 | |
| 602.5.7 | Achat, façonnage d'acier rond HRB335, Φ20 | kg | 62,20 | |
| 602.6 | Outillage d'ancrage | | | |
| | Outillage d'ancrage15-5 | pcs | 16,00 | |
| | Outillage d'ancrage 15-6 | pcs | 20,00 | |
| 602.7 | Tube ondulé pour la pose des câbles d'acier | | | |
| | Tube ondulé interne Φ55 | m | 156,80 | |
| | Tube ondulé interne Φ70 | m | 196,30 | |

| 602.8 | Dalle en bois Q235 | | kg | 4119,23 | |
|---|---|---|---|---|---|
| 602.9 | Appui caoutchouc | | | | |
| | Appui caoutchouc de la plaque ronde GYZF4Φ300x54 | | pcs | 12,00 | |
| | Appui caoutchouc de la plaque ronde GYZΦ300x63 | | pcs | 12,00 | |
| | Appui caoutchouc de la plaque ronde GYZΦ300x74 | | pcs | 12,00 | |
| 602.10 | Matériaux hydrofuges et matériaux drainants | | | | |
| | Matériau hydrofuge SBS | | $m^2$ | 27,50 | |
| | Conduite d'évacuation PVC Φ15cm | | m | 10,50 | |
| | Pavé du trottoir d'ép.3cm | | $m^2$ | 115,00 | |
| | Mortier M7.5 d'ép.1cm | | $m^2$ | 115,00 | |
| 602.11 | Joint élastomère | | | | |
| | Bille d'éponge 80 × 30mm | | m | 47,00 | |
| | Joint élastomère DN40 | | m | 27,50 | |
| | Joint élastomère longitudinal | | m | 46,00 | |
| 602.12 | Concassés TST | | $m^3$ | 0,46 | |
| | | Sous-total | | | |

*Durée de validité de l'offre d'établissement du présent devis : 3 mois.

**Toute demande supplémentaire sera facturée en sus.

## Lexique

l'article  *m.* 商品

P.U.  *m.* 单价

P.U.BRUT  *m.* 原单价

P.U. NET  *m.* 折扣后单价

La remise  折扣

le tube  水管

la jonction  接头

le serrage  旋紧

le grillage avertisseur  作警告标志的（塑料）格栅（表明地下埋有水管、电缆等）

la gaine  穿线管

le manchon  联接管

annelé  *a.* 有环纹的

le montant hors taxe  税前金额

le devis  概算书

en sus [āsy]  除此之外

le pont moyen  中桥
le pileantichoc  防撞墩
le prébatardeau par sac  草袋围堰
le coulage sur place  现浇
la façonnage des aciers  钢筋加工
la poutre préfabriquée précontrainte
预应力预制梁
l'outillage d'ancrage  *m.*  锚具
le tube ondulé  波纹管

l'appui caoutchouc  *m.*  橡胶支座
le matériau hydrofuge SBS  SBS 防水
卷材
la conduite d'évacuation PVC  PVC 泄
水管
le joint élastomère  伸缩缝
le terrassement  土石方
le maçonnerie en moellon  浆砌片石
la couche de caillasse  砂砾垫层

## Notes

1. **契约文件（acte d'engagement）**

   对于一个项目或一个企业来说，离不开契约文件来约束与外部企业的关系，尤其是涉及供应和销售。为了完成供销，主要有三种契约形式：**定单、合同和概算书**。

   **定单**（Bon de commande）：先由买方发出，卖方签字确认后，即转为正式合同。Un bon de commande est un document par lequel un acheteur commande à un vendeur un bien ou une prestation de services. L'acheteur, en signant le bon de commande, manifeste alors sa volonté d'acheter. Dès que le vendeur accepte le bon de commande, en le signant à son tour, la rencontre des volontés est effective. Ainsi, le bon de commande vaut contrat.

   **合同**（Contrat）：双方共同签字，确认合同标的、义务和权利等的契约文件。Un contrat est la rencontre des volontés entre deux ou plusieurs parties. Ainsi, dès accord des volontés, le contrat est formé.

   **概算书**（Devis）：先由卖方发出，买方签字确认后，即视为合同文件。Un devis est un document par lequel le vendeur récapitule son offre de biens ou services à l'acheteur. Il doit être signé par le vendeur. Dès son acceptation par l'acheteur, qui manifeste son accord en signant le devis sans en modifier les termes, la rencontre des volontés est effective et le contrat est formé.

2. **Tube PVC：** PVC 是 Polychlorure de Vinyle 的简称，主要成份为聚氯乙烯，加入其他成分来增强其耐热性、韧性、延展性的一种材料。这种表面膜的最上层是漆，中间的主要成分是聚氯乙烯，最下层是背涂黏合剂。

3. **PE 聚乙烯：** Le polyéthylène

4. **D (DN)：** le diamètre nominal (défini notamment dans la norme internationale ISO 6708:1995) D（DN）是公称通径，公称通径（或叫公称直径），就是各种管子与管路附件的通用口径。如 D25/DN25 是指钢管的内径是 25mm。

5. **PN 压力：** PN 表示的是压力，一般 PN16 就是管子能够耐压 16MPa 的意思，即 16 千克。La Pression Nominale (PN) est la pression qui sert souvent dans le dimensionnement d'une canalisation en PVC ou en PEHD.

6. **TPC 穿线管：** le tube de protection des câbles, on dit fourreau TPC pour désigner des fourreaux annelés de gros diamètre destinés à la pose de câbles enterrés.

7. **LST 地下通信线路：** Lignes Souterraines de Télécommunication.

8. **H.T. 不含税：** Hors taxe.

---

| **Exercices** |
| --- |

## 1. Traduire les mots et les expressions suivants en français.

| | | |
| --- | --- | --- |
| 商品 | 单价 | 原单价 |
| 税前金额 | 增值税 | 折扣 |
| 折扣后金额 | 浆砌片石 | 砂砾垫层 |
| 钢筋加工 | 草袋围堰 | 防撞墩 |
| 锚具 | 预应力预制梁 | 锚具 |
| 橡胶支座 | 波纹管 | 伸缩缝 |

## 2. Traduire le texte suivant en chinois.

### Bordereau des prix

Ce prix rémunère l'exécution de fouilles sur l'épaisseur nécessaire à l'enlèvement de tous les matériaux pollués ou de caractéristiques insuffisantes, cette épaisseur étant dans chaque cas arrêtée par l'Ingénieur.

Il comprend :

• l'extraction et le chargement des matériaux ;

• Itévacuation des produits de la purge pour mise en dépôt en un lieu agrée par l'Ingénieur ;

• Le réglage et le compactage du fond de fouille à 90 % de l'OPM ;

• et toutes sujétions de réalisation.

Il ne comprend pas la fourniture, le transport sur toute distance et la mise en œuvre de matériaux de substitution agréés par l'Ingénieur, y compris le compactage à 90 % de l'O.P.M., payé au prix 303 ou 304, couche de fondation en sablon ou GNT 0/315.

Ce prix s'applique au volume, en mètre cube, de matériaux purgés en accord avec l'Ingénieur.

**3. 本课开始前，将课文两个表中的品名内容分别找出图片，在法语网站搜寻，做成 PPT，课堂介绍其形状、材质和作用。要求精确到所给型号和规格。可以分工完成。**

## PRIX DE POSE DE L'ENROBE : TARIFS MOYENS

L'enrobé est l'une des solutions courantes de revêtement extérieur. Sa haute résistance et sa durabilité font de lui un premier choix pour les lieux à forts trafics. Il est ainsi habituel d'enrober la cour et les allées. La pose d'enrobé est également pratique pour l'accès des véhicules, le parking, et la connexion de la maison à la voie publique. Dans cet article, nous allons vous fournir le prix de pose de l'enrobé sous divers angles : coût au m$^2$, prix à la tonne et tarifs moyens.

## GENERALITES SUR LE CHIFFRAGE DU PRIX DE L'ENROBE

L'enrobé, le bitume, le goudron, le macadam et l'asphalte connotent la même chose. Il s'agit d'un mélange de graviers, de sable et de liant. Le liant est généralement un liant bitumeux, et très rarement un liant végétal.

## POURQUOI EXISTE-T-IL DIFFERENTES SORTES D'ENROBE ?

Chaque type d'enrobé diffère sur quelques points :
- Sa densité en granulés ;
- Le dosage du liant ;
- Son procédé de fabrication : à chaud ou à froid ;
- L'adjonction d'un autre matériau : porphyre, oxyde de fer, etc.

Ces quelques points de différence ont une influence sur les caractéristiques techniques de l'enrobé, comme sa résistance à la pluie, son adhérence ou son pouvoir décoratif. Le prix et l'utilisation de chaque type d'enrobé changent en conséquence. Nous allons d'ailleurs les spécifier dans le prochain chapitre sur le prix de l'enrobé par type.

Le bitume peut être vendu au kilo, par tonne ou au m$^2$.

第十课 建筑合同
# Contrat de construction

## Contrat de construction de maison individuelle
### -clauses administratives

### ARTICLE I - OBJET DU MARCHE

Par le présent contrat (ci-après, le « Marché »), le Maître d'Ouvrage confie au Constructeur, qui accepte les missions de construction définies aux présentes (ci-après les « Missions »), en vue de la construction de d'une villa à usage d'habitation de « Modèle » « Type Maison » selon les plans et la notice descriptive annexés (ci-après, le « Projet »)

### ARTICLE II - LE PROJET

2.1 La transmission des documents et dossiers relatifs au Projet

Les Parties conviennent que la mission du Constructeur ne comprend pas les plans et le bornage du terrain, ni les études de sol, celles-ci seront réalisées par un laboratoire géotechnique.

Ces éléments ont été réalisés par et sous la responsabilité exclusive du Maître dtOuvrage et transmis au Constructeur par le Maître d'Ouvrage

Le Maître d'Ouvrage s'engage à informer le Constructeur de toutes correspondances avec l'administration et, dès la réception de le permis de construire, en transmettre la copie au Constructeur et procéder à l'affichage règlementaire sur le terrain afin de purger le recours des tiers.

2.2  La modification du Projet

Les parties conviennent que le Projet est susceptible d'évoluer notamment dans les cas suivants :

- modifications résultant des évolutions réglementaires et normatives,
- modifications résultant des demandes administratives, émanant notamment des services instructeurs des permis de construire,
- modifications résultant des aléas techniques imprévus (qualité du sol),
- modifications résultant d'une décision du Maître d'Ouvrage.

## ARTICLE III - CONSISTANCE DES TRAVAUX

L'engagement du Constructeur porte sur la construction d'une villa « Modèle » « Type Maison » telle que celles-ci apparaissent sur les plans et sont décrites dans l'annexe « descriptif sommaire ».

Les travaux comprennent la réalisation des lots suivants : le terrassement, les voiries, l'assainissement et les réseaux, la gros œuvre, la charpente / la couverture, l'électricité, la plomberie, la plâtrerie, le revêtement de sol et des murs.

Avant le début des travaux, le Maitre d'Ouvrage fera mettre en place, à ses frais et sous sa responsabilité exclusive, un compteur d'eau en bordure du lot sur lequel le Projet doit être réalisé, ainsi qu'un compteur électrique de chantier.

## ARTICLE IV - DELAI D'EXECUTION

Le délai de réalisation des travaux, tel que défini aux présentes, est fixé à 8 (huit) mois à compter de l'ordre de service de démarrer les travaux adressé au Constructeur par le Maitre d'Ouvrage par lettre recommandée avec accusé de réception, la date de première présentation faisant foi.

Le Maître d'Ouvrage s'engage à ordonner le démarrage des travaux dès la réalisation cumulative des trois conditions suivantes :

- Transmission du permis de construire au Constructeur,

- Obtention d'un financement bancaire dédié à la réalisation des travaux,
- Confirmation de la propriété de l'assiette foncière du projet.

Le Maître d'Ouvrage s'engage à ordonner le démarrage des travaux dans un délai de 30 jours calendaires à compter de la réalisation du plus tardif de ces trois événements.

Il y a cas de force majeure chaque fois que tout événement, acte ou circonstance imprévisible, irrésistible, hors du contrôle ou de la volonté d'une Partie, entrave ou rend impossible l'exécution par cette Partie de ses obligations légales, règlementaires ou contractuelles.

En cas de survenance d'un cas de force majeure, la Partie dont les obligations, au titre du Marché, sont affectées, informera dans les huit jours l'autre Partie en lui fournissant l'ensemble des justificatifs établissant la réalité du cas de force majeure et fera le nécessaire pour remédier sans délai à la situation ainsi créée en prenant les mesures adaptées.

## ARTICLE V - PENALITES

Les dispositions suivantes sont appliquées en cas de retard dans l'exécution des travaux, comparativement à la date de livraison.

Les retenues pour pénalités par jour calendaire de retard seront forfaitaires. Elles seront égales, par jour calendaire de retard à cinq mille (25 000) francs CFA par villa.

| Lexique |

ltobjet *m.* 标的
le marché 合同
le maître d'ouvrage 建设方
le constructeur 施工方
la présente (*pl.*) 本合同
les parties 合同双方.

le bornage 放样
le terrain 土地
l'étude de sol *f.* 地基勘查
s'engager 保证
la correspondance 信函
l'administration *f.* 政府部门

le permis de construire 施工许可

le tiers 第三方

émaner vi. 来自于

l'aléa m. 风险

la consistance des travaux 工程范围

l'annexe f. 附件

la réalisation 施工

le lot 工段

le terrassement 土方工程

la voirie 道路工程

l'assainissement m. 污水工程

le réseau 管网工程（本文中特指与污水工程相关的）

la gros œuvre 主体工程

la charpente 屋架

la plomberie 管道工程

la plâtrerie 抹灰

le revêtement 饰面

l'ordre de service m. 开工令

recommandé, e a. 挂号的

l'accusé de réception m. 回执

la présentation 递交

faire foi 以……为准

cumulatif, ve a. 累加的

dédié, e a. 专用的

le jour calendaire 自然日

la force majeure 不可抗力

l'obligation f. 义务

le justificatif 凭证

le nécessaire 必要措施

remédier vt. 补救

la disposition 条款

l'exécution f. 施工

la retenue 扣除

forfaitaire a. 包干的

Le franc CFA 西非法郎

## Notes

1. Les clauses administratives : 行政条款（详见第二十课）。

2. « Modèle », « Type Maison » : 这是本合同中所规定的将要修建的建筑形式，这里的 "Modèle" 和 "Type Maison" 并不指某一具体形式，仅在本课中作为举例使用。

3. La notice descriptive 工程设计说明书：工程设计说明书是一种技术文件，其确定了要施工的工程内容、所使用的材料和安装的设备。它须符合法国 1991 年 11 月 27 日部颁令所规定的格式。如不符合要求，相关合同视为无效。其应附在合同后，在法律上作为合同不可分割的部分，而且应由建设方和施工方签字。

4. Le bornage 放样：放样是指将图纸上设计的建筑物、构筑物的平面位置和高程按设计要求，以一定的精度在实地标定出来，作为施工的依据。

5. Le laboratoire géotechnique 工程地质勘查公司：该公司负责对地下地质结构进行勘探，为建筑设计尤其是地基设计提供依据。

6. **Le recours des tiers 第三者的异议**：第三者在遵循某些条款的情况下，可对施工许可、建筑拆除许可或土地整治许可的有效性提出异议。法语解释如下：Un tiers (un voisin le plus souvent) peut contester la validité d'un permis de construire, de démolir ou d'aménager en exerçant un recours, sous réserve de respecter certaines conditions.

7. **Le descriptif sommaire 分部分项工程项目特征描述**：根据现行计量规范，按照工程结构、使用材质及规格或安装位置等方面的要求，对工程项目特征分部分项地进行详细准确的描述和说明，并形成分部分项工程量清单。该文件的重要意义在于使得投标人对招标人的需求全面准确理解。

8. **La confirmation de la propriété de l'assiette foncière 房基确权**：确认已得土地的所有权。

9. **La force majeure 不可抗力**：由于发生了合同当事人无法预见，无法预防，无法避免和无法控制的事件，以致不能履行或不能如期履行合同，发生意外事件的一方可以免除履行合同的责任或者推迟履行合同，且无需对另一方赔偿。

## Exercices

### 1. Traduire les mots et les expressions suivants en français.

| | | |
|---|---|---|
| 行政条款 | 标的 | 建设方 |
| 施工方 | 甲方 | 第三方 |
| 施工 | 工程范围 | 工程设计说明书 |
| 挂号信 | 施工许可 | 自然日 |
| 定额罚款 | 主体工程 | 工段 |
| 房基确权 | 回执 | 递交 |
| 扣除 | 土方工程 | 条款 |
| 专用的 | 污水工程 | 项目 |

### 2. Traduire le texte suivant en chinois.

Art. 1 Identification du client et de l'entrepreneur

Le commanditaire des travaux a la qualité de « Maître d'ouvrage » ; la personne chargée des travaux de construction a la qualité d'« Entrepreneur ».

L'intervention d'une personne chargée notamment de la surveillance, direction et coordination, peut être prévue. Celle-ci a la qualité de « Maître d'œuvre ». Les rapports entre le Maître d'œuvre et le Maître d'ouvrage sont l'objet d'un contrat distinct qui précise l'étendue de la mission qui est confiée

Les identifications des personnes (Maître d'ouvrage et Entrepreneur) participant au contrat sont indiquées à la rubrique « Parties au contrat » des conditions particulières.

Art. 2 Déroulement des travaux–début

Les travaux pourront commencer dès l'obtention des autorisations administratives, après la levée des conditions suspensives et de la faculté de rétractation du Maître d'ouvrage. La date de début des travaux fera l'objet d'un ordre de service qui sera signé par le Maître d'ouvrage, l'Entrepreneur et le cas échéant par le maître d'œuvre. La déclaration réglementaire d'ouverture de chantier (DROC) sera obligatoirement signée par le Maître d'ouvrage.

**3. Quelle est la différence entre *le marché* et *le contrat* ?**

**4. 什么是菲迪克条款?**

---

**Lecture**

## 菲迪克条款 (Les Conditions FIDIC)

菲迪克 (FIDIC) 是法语 Fédération Internationale des Ingénieurs-Conseils 的首字母缩写，它是大型国际承包工程普遍采用的格式化合同条款。它不仅适用于全世界，而在法语国家也普遍采用。菲迪克条款在发展中国家的使用更为广泛，尤其是世界银行投资或介入的项目，而且属于援助范围的各国贷款项目强制要求采用菲迪克条款。

事实上，菲迪克条款是工程承包的合同模板，可为工程的谈判与合同签订节省大量人力物力以及时间，也规范了工程发包、施工和验收的各个环节。菲迪克条款可分为：

红册（Livre Rouge）：土建项目

黄册（Livre Jaune）：机械电子设备和品牌设计

绿册（Livre Vert）：本地招标的小项目

银册（Livre Argent）：交钥匙工程

白册（Livre Blanc）：约定顾客与咨询工程师之间关系

金册（Livre Or）：设计 - 建设 - 经营一揽子工程

每册均有二十款（Clause），详细规定合同各方的权利和义务。如《银册》二十款的内容如下：

第一、二款：所用词条的释义（définition du vocabulaire employé）

第三、四、六款：合同各方的认定及其任务（identification des parties et de leur mission）

第五、七款：工程设计（conception de l'ouvrage）

第四款（部分）：材料供应（approvisionnement）

第八、九、十二款：工程施工（exécution des travaux）

第十三款：合同修改程序（procédure en modification）

第十款：验收（réception）

第十四款：付款方式（modalités de paiement）

第十一、十七、十八、十九款：风险与责任（risques et responsabilité）

第二十款：纠纷解决方式（mode de résolution des litiges）

虽然菲迪克条款合同范本均为英语撰写，但在法语国家的国际承包工程中，尤其是国际组织投资或介入的项目中，广泛采用菲迪克条款，只不过是以法语呈现。作为工法译员应当了解该条款。当在合同谈判中，涉及菲迪克条款时，才能够快速理解并作出正确的翻译处理。

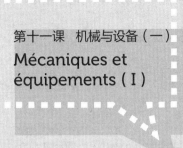

第十一课 机械与设备（一）
Mécaniques et
équipements ( I )

# REDUCTEUR ROUE ET VIS SANS FIN (Mise en situation)

## 1. Présentation :

Le réducteur roue et vis sans fin de type BW-40 représenté sur le Fig.1 est commercialisé par la société BROWN. La roue (13) et la vis sans fin (05) sont représentées de façon normalisée sur le Fig.2.

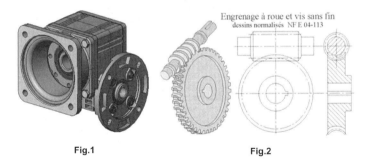

Engrenage à roue et vis sans fin
dessins normalisés NF E 04-113

Fig.1                    Fig.2

Ce réducteur est notamment employé dans le module de « malaxage » du système automatisé « Ecolsab » fabriqué par la société BEMA, utilisé pour mélanger et sécher du sable pour la fabrication de moules en sable de fonderie (voir leçon 12).

Ce réducteur offre une flexibilité d'utilisation car le récepteur peut être accouplé en sortie du réducteur d'un coté ou de l'autre de l'arbre creux (14).

## 2. Fonctionnement :

Un réducteur est un mécanisme destiné à réduire la vitesse de rotation de l'arbre moteur (l'ensemble moteur plus réducteur est appelé un motoréducteur).

Un réducteur roue et vis sans fin est utilisé pour transmettre de grandes puissances dans des applications telles que convoyeurs, élévateurs, ascenseur... Il permet, en s'insérant dans la chaîne cinématique, d'obtenir une réduction souvent importante (jusqu'à 100) de la vitesse de rotation d'un arbre ou d'un moteur.

Pour des réductions de vitesses élevées (supérieures à 20 ou 25 en pratique), le système devient irréversible (la roue dentée « 13 » ne peut pas être entraînée par la vis sans fin « 05 ») et 1a transmission de l'énergie se fait avec un rendement faible. (Voir Fig.3)

Vis sans fin

Roue dentée

Arbre moteur
$N_{moteur} = 1500$ tr/min
$C_{moteur}$ (N.m)

Arbre de sortie
$N_{sortie} < N_{moteur}$
$C_{sortie}$ (N.m) $> C_{moteur}$

**Fig.3**

## 3. Dessin d'ensemble du réducteur (Voir Fig.4) :

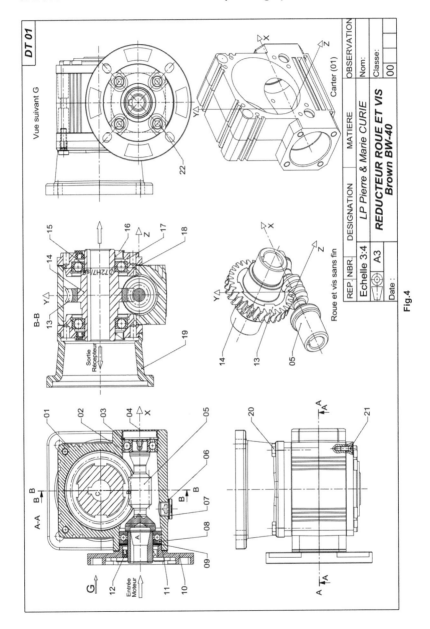

Fig.4

## 4. La vue éclatée du réducteur (Voir Fig.5)

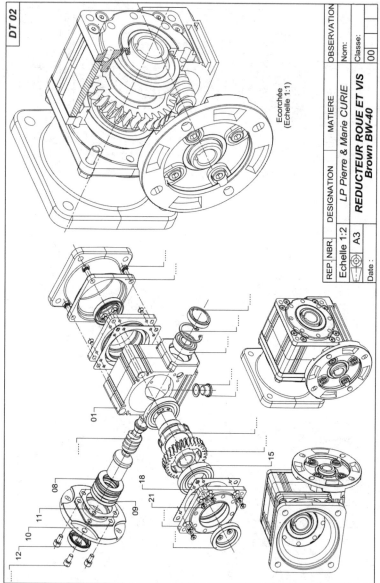

Fig.5

## 5. Liste des pièces détachées du réducteur

| Rep | Nb | Désignation | Matière | Observation |
|-----|-----|-------------|---------|-------------|
| 1 | 1 | Carter | EN AB-43000 [Al Si 10 Mg] | |
| 2 | 1 | Roulement à billes 6202 | | NF E 22-315 |
| 3 | 1 | Anneau élastique pour alésage, 35 × 1,5 | | NF E 22-163 |
| 4 | 1 | Cache | Plastique | |
| 5 | 1 | Vis sans fin | | 2 filets |
| 6 | 1 | Joint circulaire, type A, 13 | | |
| 7 | 1 | Bouchon | | |
| 8 | 1 | Butée à bille à simple effet 51105 | | NF E 22-320 |
| 9 | 3 | Cales de réglage | | |
| 10 | 1 | Bride moteur | EN AB-43000 [Al Si 10 Mg] | |
| 11 | 1 | Joint plat, 54 × 54 | | |
| 12 | 1 | Joint à lèvre, type IEL, 25 × 35 × 7 | | DIN 3760 |
| 13 | 1 | Roue | | 30 dents. Surmoulé sur (14) |
| 14 | 1 | Moyeu à arbre creux | | |
| 15 | 2 | Roulement à billes 16006 | | NF E 22-315 |
| 16 | 2 | Joint à lèvre, type IE 30 × 47 × 7 | | DIN 3760 |
| 17 | 2 | Flasque | EN AB-43000 [Al Si 10 Mg] | |
| 18 | 2 | Joint plat, 84 × 84 | | |
| 19 | 1 | Bride de sortie | EN AB-43000 [Al Si 10 Mg] | |
| 20 | 4 | Vis H, M6-20-4.6 | | NF E 25-114 |
| 21 | 16 | Vis FHC, M4-12-10.9 | | NF E 27-160 |
| 22 | 4 | Vis CHC, M6-12-4.8 | | NF E 25-125 |

## Lexique

la mise en situation  实物展示

schématiser  vt. 用示意图表示

le réducteur roue et vis sans fin  蜗杆
齿轮减速器

la roue  齿轮

la vis sans fin  蜗杆

normalisé, e  a. 标准化的

le module  组件

le moule  模子

la fonderie  铸造

le récepteur  连接件

la sortie  输出端

l'arbre creux  m. 空心轴

le motoréducteur  减速电机

la puissance  功率

la roue dentée  齿轮

le rendement  效率

le carter  机壳

le roulement à billes  滚珠轴承

l'anneau élastique pour alésage  m.
内径弹性圈

le joint à lèvre  带边垫圈（轴承密封圈）

la butée à bille à simple effet  单效止
推轴承

la cales de réglage  调节垫

la bride moteur  电机法兰

la bride de sortie  输出法兰

## Notes

1. **Le réducteur roue et vis sans fin 蜗杆齿轮减速器：** 蜗杆减速器是一种通过蜗
杆转一圈，带动齿轮移动一齿的原理，从而使输出转速比输入转速更低的机械。

2. **Vis H M6-20-4.6 六角头螺丝：**（见下图）全称为 Vis à tête hexagonale，其
中"M6-20- 4.6"的 M6 是指 d1 螺杆直径，"20"是指 d2 螺杆帽（头）的
直径，而"4.6"则是指 k 螺杆帽（头）的厚度或高度。（详见《工程技术法
语翻译实务》第 116 页）

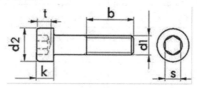

3. **Vis FHC 内六角沉头螺丝：** 全称为 Vis à tête fraisée- hexagonal creux。

4. **Vis CHC 内 六 角 圆 柱 头 螺 丝：** 全 称 为 Vis à tête cylindrique hexagonal

creux。

5. **Le joint à lèvre 带边垫圈**：该垫圈主要用于轴承密封，避免轴承中的润滑油流出或在工作时由于高温而起火，也使外部灰尘或较脏润滑油不易进入轴承内部。

6. **La bride 法兰**：又叫法兰凸缘盘或突缘。法兰是轴与轴之间相互连接的零件。

## Exercices

### 1. Traduire les mots et les expressions suivants en français.

| | | |
|---|---|---|
| 螺钉 | 蜗杆 | 齿轮机构 |
| 轴 | 模子 | 减速器 |
| 低效率 | 传动链 | 大比例减速 |
| 滚珠轴承 | 空心轴 | 侧板 |
| 输出法兰 | 机壳 | 输出端 |
| 带边垫圈 | 效率 | 侧板 |

### 2. 找图练习

从法语网站找出减速器零件表中每个零件的准确图片，并标出在减速器中的位置和发挥的作用。有型号规格的，应找出该型号规格的图片。零件名称需翻译成汉语。最后做成 PPT，在课堂上展示。

## Lecture

Mise en situation :

Les ascenseurs se distinguent, entre autres, par le type de traction utilisé pour déplacer la cabine. Une poulie de traction est actionnée par un moto-réducteur (Voir Fig.6). Elle entraîne des câbles dont une extrémité est fixée à la cabine d'ascenseur et l'autre à un contrepoids.

Le treuil est constitué :

- d'un moteur électrique
- d'un réducteur roue et vis sans fin
- d'une poulie de traction
- d'un volant d'inertie
- d'un embrayage frein à tambour

**Fig.6**

## Présentation du système (Voir Fig.7) :

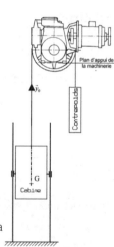

1. Masse de la cabine avec sa charge maxi :
   $m_c = 1000$ kg
2. Masse du contrepoids : $m_p = 800$ kg
3. Moteur :
   - puissance mécanique nominale : $P_m = 4,7$ kW
   - couple moteur (supposé constant) : $C_m = 30$Nm
   - vitesse de rotation en charge : $\omega_m = 1500$ tr/min
4. Réducteur + poulie :
   - rapport de réduction du réducteur : $\lambda = 1/50$
     diamètre de la poulie : $d_p$
   - rendement de l'ensemble réducteur + poulie : $\eta$
   - hypothèse : pas de glissement du câble sur la poulie
5. Moment d'inertie :
   - poulie + roue du réducteur + axe : Ipr
   - rotor + vis du réducteur + tambour du frein : Im
   - volant d'inertie : $I_v$

**Fig.7**

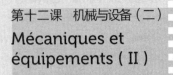

第十二课　机械与设备（二）
# Mécaniques et équipements ( II )

## 1. Le système « Ecolsab »  (Voir Fig.1)

Le système automatisé « Ecolsab » fabriqué par la société BEMA, peut être utilisé pour mélanger et sécher du sable pour la fabrication de moules en sable pour la fonderie.

### 1.1  PUPITRE DE COMMANDE

- Voyant « En service » et voyant « 230V secouru » ;
- Bouton coup de poing « Arrêt d'urgence » ;
- Bouton poussoir « Coupure secteur » ;
- Bouton poussoir « Montée » et « Descente » ;
- Régulateur de température électronique avec choix du mode de régulation (TOR, P, ... PID) ;
- Voyant « Température atteinte » ;
- Voyant « Présence cuve » ;
- Voyant « Position pale ».

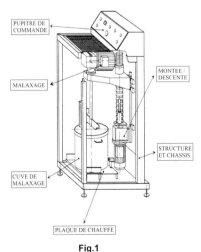

**Fig.1**

## 1.2 MALAXAGE

- Motoréducteur triphasé asynchrone 230V/400V, puissance 0.37kW, rapport de réduction R = 1/10, vitesse à vide 140 tr/mn, couple 22 Nm, arbre creux Φ 19, et position de montage V1 ;
- Arbre de transmission inox ;
- Pale de malaxage interchangeable ;
- Protection polycarbonate contre les poussières ;
- Détecteur inductif pour l'indexage de la pale.

## 1.3 CUVE DE MALAXAGE

- Cuve aluminium diamètre 360 mm et hauteur 240 mm ;
- Volume maxi 24 litres ;
- Deux poignées pour la maintenance ;
- Interrupteur de position à poussoir « Présence cuve » ;
- Guidage pour le positionnement de la cuve.

## 1.4 PLAQUE DE CHAUFFE

- Plaque chauffante 2 kW 400V triphasé ;
- Prise d'information « température » par thermocouple type « T » ;
- Thermostat de sécurité réarmable ;
- Prise d'information « température » par sonde Pt100 3 fils pour l'option automate ;
- Plaque intermédiaire de répartition de chaleur et prise d'information « température » ;
- Isolation thermique avec l'extérieur par plaque de « Monolux ».

## 1.5 MONTEE / DESCENTE

- Motoréducteur triphasé asynchrone 230V/400V, puissance 0.18kW, rapport de réduction R = 1/25, vitesse à vide 55 tr/mn, couple 31 Nm, arbre creux Φ 20 × 40, et position de montage V6 ;
- Ensemble de malaxage guidé en translation par système rail et patin ;
- Transmission par vis, écrou bronze avec limiteur de couple ;

- Protection par soufflet en caoutchouc naturel contre les poussières ;
- Interrupteur de position à galet pour les fins de course haut et bas ;
- Interrupteur de position à galet pour l'autorisation rotation.

## 1.6 STRUCTURE ET CHASSIS

- Châssis mécano-soudé en tube 80 × 40 et 40 × 40 ;
- Quatre roulettes (dont 2 avec frein) ;
- Porte d'accès de maintenance avec clé de sécurité ;
- Faces latérales en polycarbonate translucide ;
- Face arrière en plaque acier ;
- Face supérieur en grillage de protection à mailles fines.

## 2. Compresseur d'air

### 2.1 MISE EN SITUATION

Le compresseur d'air représenté sur le schéma du compresseur d'air est destiné à alimenter une petite centrale de production d'air comprimé schématisée ci-contre (Voir Fig.2).

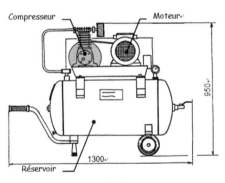

**Fig.2**

Spécifications :

- Compresseur : Monocylindre débitant 37,5 L/mn à 1500 tr/mn à Patm (pression atmosphérique) ; chemise en acier ; cylindre en alliage d'aluminium, socle en fonte.

- Moteur : CEM de 1 KW, 3000 tr/mn.
- Réservoir : 100L.
- Equipements : Dispositifs de mise à l'air de la canalisation pour démarrage à vide ; soupape de sécurité ; robinet de purge ; manomètre 12 bars, clapet anti-retour ; vanne cuve.
- Modes de fonctionnement : Marche manuelle ou automatique entre 6 et 8 bars par contacteur manométrique.

## 2.2 FONCTIONNEMENT

Lorsque le vilebrequin est entraîné en rotation par le moteur, la bielle transmet au piston un mouvement de translation rectiligne alterné ; ainsi la descente du piston a pour effet « d'aspirer » l'air extérieur à la pression atmosphérique qui, pour entrer dans le cylindre, soulève le clapet d'admission. Lorsque le piston arrive à son point mort bas (PMB) l'air n'est plus aspiré et le clapet qui était ouvert se referme. Le piston remonte, comprimant l'air qui a été aspiré ; lorsque la pression intérieure du cylindre est égale à la pression de la cuve (réservoir), le second clapet se soulève et laisse passer l'air du cylindre vers la cuve.

## 2.3 TROIS VUES REDUITES DU COMPRESSEUR D'AIR (Voir Fig.3)

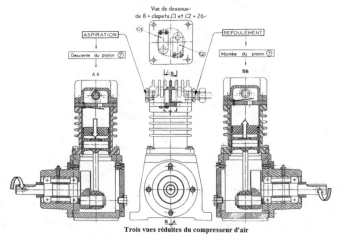

**Trois vues réduites du compresseur d'air**

**Fig.3**

le moule 模子

le pupitre de commande 控制台

le voyant 指示灯

la coupure secteur 单元停机

triphasé, e  *a.* 三相电的

asynchrone  *a.* 异步的

le rapport de réduction 减速比

le couple 扭矩

le compresseur dtair 空气压缩机

ci-contre  *adv.* 旁边

le monocylindre 单缸

la chemise 衬套

le socle 基座

la mise à l'air 加气

la canalisation 管路

la soupape 阀门

le robinet 龙头

le clapet 阀（门）

la vanne 阀门

la cuve 压力容器

la vanne cuve 储罐阀门

le contacteur 开关

le vilebrequin 曲轴

la rotation 转动

la bielle 连杆

la translation 直线运动

rectiligne  *a.* 直线的

alterné  *a.* 交替的

le piston 活塞

le malaxage 搅拌

accoupler  *vt.* 联接

secouru  *a.* 备用的，后备的

le voyant 信号灯 , 指示灯

le bouton coup de poing 敲击按钮( 用于设备紧急停车 )

le bouton poussoir 按钮

asynchrone  *a.* 异步的

la pale 桨板，叶片，轮叶

interchangeable  *a.* 可互换的

le polycarbonate 聚碳酸酯

l'indexage  *m.* 位移

réarmable  *a.* 可换件使用的

la sonde 探头

la prise d'information 信息采集装置

Monolux 防火板的一个品牌

le soufflet 风箱，皮老虎，折箱

le galet 导轮，滚轮，滚柱

la maille （网）目

**Notes**

1. **Le motoréducteur triphasé asynchrone 三相异步减速电机 :** 三相是指三相电，即三个单相电各相差 120 度；异步是指转子转速小于旋转磁场的转速；减速电机是指带有减速机构的电动机。

2. **kW 千瓦 :** 全称为 le kilowatt，是电的功率单位，现在有延伸为整个物理学领

域功率单位的趋势。

3. **N·m 牛顿米**：全称为 le newton mètre，一牛顿米相等于一股 1 牛顿的力垂直作用于 1 米长的力矩臂上。

4. **Le point mort bas 下止点**：机械部件上下行程中的最低点。本文中指活塞顶离曲轴中心最小距离时的位置。

5. **Polycarbonate 聚碳酸酯**：常用缩写 P。聚碳酸酯是一种无色透明的无定性热塑性材料。它是日常常见的一种材料。由于其无色透明和优异的抗冲击性，日常常见的应用有光碟，眼镜片，水瓶，防弹玻璃，护目镜、车头灯等等。

6. **Les plaques MONOLUX® 500 et 800**：MONOLUX® 500 & 800 是一种合成的低热导率刚性材料。该材料不含石棉或其他无机材料，它容易加工，强度高，且绝缘，可用于隔热。

7. **La maille 目**：目是指每英寸筛网上的孔眼数目，50 目就是指每英寸上的孔眼是 50 个，500 目就是 500 个，目数越高，孔眼越多。

---

**Exercices**

**1. Traduire les mots et les expressions suivants en français, trouver les images correspondantes sur Internet et les afficher à côté du mot concerné.**

| | | |
|---|---|---|
| 指示灯 | 紧急停车 | 叶片就位 |
| 铝制搅拌桶 | 隔热 | 螺帽 |
| 热电偶 | 示意图 | 止回阀 |
| 运行模式 | 曲轴 | 往复直线运动 |
| 上止点 | 敲击按钮 | |

**2. Quelle est la différence entre *le bouton poussoir* et *le bouton coup de point* ?**

**3. Pourquoi *l'ensemble montée/descente* peut-il s'arrêter aux fins de course haute et basse ? Expliquer le principe de fonctionnement.**

## 4. Traduire le texte suivant en chinois.

### Le cycle Diesel à quatre temps comporte :

- Admission d'air par l'ouverture de la soupape d'admission et la descente du piston ;

- Compression de l'air par remontée du piston, la soupape d'admission étant fermée ;

Injection-combustion-détente : peu avant le point mort haut on introduit, par un injecteur, le carburant qui se mêle à l'air comprimé. La combustion rapide qui s'ensuit constitue le temps moteur, les gaz chauds repoussent le piston, libérant une partie de leur énergie. Celle-ci peut être mesurée par la courbe de puissance moteur ;

Echappement des gaz brûlés par l'ouverture de la soupape d'échappement, poussés par la remontée du piston.

### Vitesse et puissance :

Les vitesses de rotation des moteurs diesel sont très différentes d'un moteur à un autre. En effet, plus le moteur est gros, plus la course du piston est grande, et plus le moteur est lent. Trois classes de moteurs sont ainsi définies :

- moteur lent : moins de 200 tr/min

- moteur semi-rapide : entre 400 et 1 000 tr/min

- moteur rapide : 1 000 tr/min et plus

La limite maximale du régime de rotation d'un moteur est déterminée par la vitesse de déplacement du piston dans le cylindre. Elle est exprimée en mètre/ seconde.

Les constructeurs motoristes, suivant l'utilisation du moteur et la fiabilité qui leur est demandée, ont fixé des plages limites (résultat d'essais d'usure) suivantes :

- moteur fixe (groupe électrogène, gros moteur de bateau) : 6 à 8 m/s
- moteur de poids lourds : 8 à 9 m/s.
- moteur d' automobile : 12 à 13 m/s.
- moteur de compétition : au-delà de 15 m/s.

Ces limites déterminent la durée de vie du moteur et sa puissance en chevaux ou kW par litre de cylindrée. La mise en survitesse du moteur risque de conduire à des chocs pistons-soupapes qui se traduisent souvent par le flambage des queues de soupapes ou de leurs tiges de commande.

Schématiquement, plus le piston est gros, plus sa course est importante. Pour exemple : moteur DW10 ATED de PSA, cylindrée 1 997 cm$^3$, alésage 85 mm, course 88 mm, régime de puissance maximale 4 000 tr/min.

**Lecture**

## Moteur Diesel

Fruit des travaux menés par l'ingénieur franco-allemand Rudolf Diesel entre 1893 et 1897, le moteur Diesel est un moteur à combustion interne dont l'allumage n'est pas commandé mais spontané, par phénomène d'auto-inflammation. Il n'a donc pas besoin de bougies d'allumage. Cela est possible grâce à un très fort taux de compression (rapport volumétrique) d'environ 14:1 à 25:1, permettant d'obtenir une température de 700 à 900℃. Des bougies de préchauffage sont souvent utilisées pour permettre le démarrage du moteur à froid en augmentant la température de la chambre de combustion, mais leur présence n'est pas systématique.

Les moteurs Diesel fonctionnent habituellement au gazole, au fuel lourd ou aux huiles végétales. Ils peuvent aussi bien être à deux temps qu'à quatre temps. Ce type de moteur à taux de compression élevé a connu une expansion rapide en automobile à partir de la fin des années 1980.

Comme le moteur thermique à essence, le moteur Diesel est constitué de pistons coulissants dans des cylindres, fermés par une culasse reliant les cylindres aux collecteurs d'admission et d'échappement et munie de soupapes commandées par un arbre à cames.

Son fonctionnement repose sur l'auto-inflammation du gazole, fuel lourd ou encore huile végétale brute dans de l'air comprimé à 1:20 du volume du cylindre (environ 35 bar), et dont la température est portée de 600℃ à 1 500℃ environ. Sitôt le carburant injecté (pulvérisé), celui-ci s'enflamme presque instantanément, sans qu'il ne soit nécessaire de recourir à un allumage commandé par bougie. En brûlant, le mélange augmente fortement la température et la pression dans le cylindre (60 à 100 bars), repoussant le piston qui fournit une force de travail sur une bielle, laquelle entraîne la rotation du vilebrequin (ou arbre manivelle faisant office d'axe moteur).(voir système bielle-manivelle)

## Usage

On utilise le moteur Diesel lorsque l'on a un besoin d'un couple important ou d'un bon rendement : locomotives, bateaux, camions, tracteurs agricoles, les groupes électrogènes, engins de travaux publics ou automobiles.

C'est la marine de guerre qui s'intéressa en premier aux moteurs diesel, et avant tout pour les sous-marins. L'ingénieur français Maxime Laubeuf en équipa son sous-marin l'Aigrette (1901) car les moteurs à explosion ne développaient alors pas assez de puissance et les moteurs à vapeur dégageaient trop de fumée. Durant l'entre deux guerres, le diesel connaît une importante progression dans la marine marchande, mais la chauffe (charbon et mazout) reste encore prépondérante. Quant aux premiers véhicules terrestres équipés de moteurs Diesel, il faut attendre le début des années 1920.

En revanche, il est rarement utilisé sur les motos et les avions, notamment pour une question de masse embarquée. Toutefois, l'utilisation de moteurs Diesel sur avions légers qui est apparue il y a 20 ans commence à se développer : Cessna L19 équipé d'un diesel de Renault 25 poussé à 135 ch. en 1988, avion de construction amateur Dieselis équipé d'un Isuzu (Opel) 70 ch. en 1998. Il existe maintenant des moteurs spécifiques (SMA) ou dérivés de l'automobile (Centurion sur base Mercedes du motoriste allemand Thielert) ; avions de tourisme DA-40 et DA-42 de l'autrichien Diamond, Ecoflyer du français APEX aircraft (ex-DR 400 de Robin) équipés du Thielert Centurion 1.7, avion amateur Gaz'aile 2.

Le gazole ayant un pouvoir calorifique volumique plus important que l'essence et bénéficiant d'une taxation légèrement plus favorable en France, les moteurs Diesel se révèlent plus économiques à la pompe bien que plus chers à l'achat et à l'entretien.

## Avantages

Les raisons du succès du moteur Diesel dans l'automobile, au-delà d'avantages fiscaux qui relèvent de choix politiques et non techniques, tiennent essentiellement à son rendement, supérieur à celui du moteur à essence. Ce rendement peut être encore amélioré par l'utilisation d'un turbocompresseur (les plus récents modèles sont « à géométrie variable » (TGV), technologie qui leur permet d'être plus performants à bas régime) et le Common rail (injection directe à haute pression) inventé par Fiat et Magneti-Marelli. NB: Il existe deux sortes de compresseur: le compresseur mécanique (entraîné par une courroie) et le turbocompresseur entraîné par une autre turbine qui tourne grâce à la force des gaz d'échappement rejetés.

第十三课 电机
# Moteur électrique

Un aimant possède un pôle Nord et un pôle Sud. Les pôles de même nature se repoussent, ceux de natures différentes s'attirent.

On peut fabriquer artificiellement un aimant en enroulant un fil électrique autour d'un noyau métallique pour créer un champ magnétique, il suffira d'alimenter cette bobine. Pour inverser la polarité de l'électroaimant, il faudra changer le sens du courant. Pour le courant alternatif distribué en Afrique, la fréquence est de 50 Hertz (le sens du courant s'inverse tous les centièmes de seconde) ou de 60 Hertz. (Voir Fig.1)

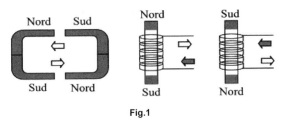

**Fig.1**

## 1. Moteur à courant continu

Le stator du moteur à courant continu peut être constitué soit d'un aimant permanent ou d'un électroaimant, son rotor est constitué d'un électroaimant alimenté par une source continue. Pour changer de sens, il suffit d'inverser les polarités. Le moteur à courant continu est alimenté par des batteries ou des piles.

Ces moteursà courant continu se déclinent en deux types : le moteurs à balais et le moteur sans balais.

## 1.1 Moteur à balais

L'avantage principal des machines à courant continu réside dans leur adaptation simple aux moyens permettant de régler ou de faire varier leur vitesse, leur couple et leur sens de rotation : les variateurs de vitesse. Voire même leur raccordement direct à la source d'énergie : batteries d'accumulateurs, piles, etc. Le principal défaut du moteur à balais réside dans l'ensemble balais/collecteur rotatif qui s'use, et il consomme de l'énergie. (Voir Fig.2)

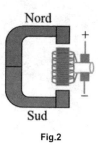

**Fig.2**

## 1.2 Moteur sans balais

Un moteur sans balais, ou « moteur brushless », est un moteur synchrone, dont le rotor est constitué d'un ou de plusieurs aimants permanents et auquel est adjoint un capteur de position rotorique. Un système électronique de commande doit assurer la commutation du courant dans les enroulements statoriques. Le rôle de l'ensemble capteur-électronique de commande est d'assurer l'auto-pilotage du moteur, c'est-à-dire le maintien d'un angle fixe entre le flux rotorique et le flux statorique, rôle autrefois dévolu à l'ensemble balais-collecteur sur une machine à courant continu. (Voir Fig.3)

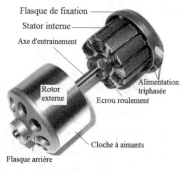

**Fig.3**

## 2. Moteur à courant alternatif

Pour les applications de faible et moyenne puissance (jusqu'à quelques ch.), le réseau monophasé standard suffit. Pour des applications de forte puissance, les moteurs alternatifs sont généralement alimentés par une source de courants polyphasés. Le système le plus fréquemment utilisé est alors le triphasé (phases décalées de 120°) utilisé par les distributeurs d'électricité. Ces moteurs alternatifs se déclinent en trois types : les moteurs universels, les moteurs synchrones et les moteurs asynchrones.

### 2.1 Moteur universel

Un moteur universel est une machine à courant continu à excitation série : le rotor est connecté en série avec l'enroulement inducteur. Le couple de la machine est indépendant du sens de circulation du courant (couple proportionnel au carré du courant) et peut donc être alimenté en courant alternatif.

Les moteurs universels sont utilisés dans des dispositifs exigeant un couple assez fort, tel que l'outillage électroportatif. La vitesse de rotation de ces moteurs peut être facilement réglée par un dispositif peu coûteux tel qu'un gradateur.

### 2.2 Moteur synchrone

La machine synchrone est souvent utilisée comme génératrice. On l'appelle alors alternateur. Mis à part pour la réalisation de groupe électrogène de faible puissance, cette machine est généralement triphasée. Pour la production d'électricité, les centrales électriques utilisent des alternateurs dont les puissances peuvent avoisiner les 1500 MW. Comme le nom l'indique,

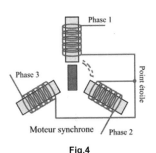

**Fig.4**

la vitesse de rotation de ces machines est toujours proportionnelle à la fréquence des courants qui les traversent. Les machines synchrones sont également utilisées dans les systèmes de traction (tel le TGV). (Voir Fig.4)

### 2.3 Moteur asynchrone

La machine asynchrone est une machine à courant alternatif dont la vitesse de rotation n'est pas forcément proportionnelle à la fréquence des courants qui les traversent.

On retrouve le moteur asynchrone aujourd'hui dans de nombreuses applications, notamment dans le transport (métro, trains, propulsion des navires), de l'industrie (machines-outils), dans l'électroménager. Elles étaient à l'origine

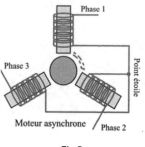

**Fig.5**

uniquement utilisées en moteur mais, toujours grâce à l'électronique de puissance, elles sont de plus en plus souvent utilisées en génératrice. (Voir Fig.5)

## 3. Nouveau moteur électrique

### 3.1 Moteur pas à pas

Les moteurs pas à pas sont de petits moteurs de précision dotés d'un système de commande électronique. Un moteur pas à pas permet de transformer une impulsion électrique en un mouvement angulaire. Ce type de moteur est très courant dans tous les dispositifs où l'on souhaite faire un contrôle de vitesse ou de position en boucle ouverte, typiquement dans les systèmes de positionnement. Les moteurs pas à pas simples ont un nombre limité de positions, mais les moteurs pas à pas à commande proportionnelle peuvent être extrêmement précis. On parle alors de « micro pas » puisque le moteur peut s'équilibrer entre deux pas. (Voir Fig.6 et Fig.7)

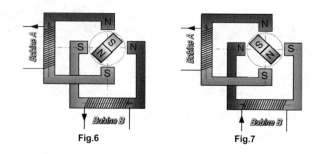

**Fig.6**     **Fig.7**

## 3.2 Moteur linéaire

Un moteur linéaire est essentiellement un moteur électrique qui « a été déroulé » de sorte qu'au lieu de produire un couple (rotation), il produise une force linéaire sur sa longueur en installant un champ électromagnétique de déplacement. (Voir Fig.8)

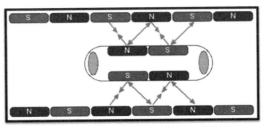

**Fig.8**

## Lexique

l'aimant  *m.* 磁铁

la nature  磁极

se repousser  *v.pr.* 相斥

s'attirer  *v.pr.* 相吸

le champ magnétique  磁场

la bobine  线圈

inverser  *vt.* 使（电流）倒向

l'électroaimant  *m.* 电磁铁

alternatif, ve  *a.* 交流的

la fréquence  频率

le stator  定子

l'aimant permanent  *m.* 永磁铁

le rotor  转子

le balais  电刷

le couple  扭矩

l'accumulateur  *m.* 蓄电池

l'ensemble  *m.* 总成

synchrone  *a.* 同步的

la commutation  切换

l'enroulement  *m.* 线圈

le capteur  传感器

l'auto-pilotage  *m.* 自动巡航

le flux  磁流

le collecteur  整流子

la puissance  功率

monophasé, e  *a.* 单相的

polyphasé, e  *a.* 多相的

triphasé, e  *a.* 三相的

asynchrone  *a.* 异步的

l'excitation série  *f.* 串励

le carré  平方

le dispositif  装置

électroportatif, ve *a.* 便携式电动工具的
la rotation 转动
le gradateur 调速器
l'alternateur *m.* 交流发电机
le groupe électrogène 发电机组
MW (le mégawatt) 兆瓦

la traction 牵引
proportionnel, le *a.* 成比例的
la machine-outil 机床
la génératrice 发电机
l'impulsion *f.* 推进

## Notes

1. **Le courant continu 直流电**：是指流向始终不变的电流。这种电流做功时总是由正极，经导线、负载，回到负极。

2. **Le courant alternatif 交流电**：是指方向、大小会随时间改变的电流。

3. **Hertz 赫兹**：赫兹是频率单位，它是每秒中的周期性变动重复的次数。对于交变电流来说，是指 1 秒钟内波形呈周期变化次数。

4. **Ch. 马力**：法语全称为 "le cheval-vapeur"。马力是工程技术上常用的一种计量功率的单位。1 马力等于 746 瓦，即 0.746 千瓦。

5. **Connecter en série 串联**：是指将电路元件（如电阻、电容、电感、用电器等）逐个顺次首尾相连接的一种电路连接方式。

6. **L'électronique de puissance 电力电子学（功率电子学）**：这是横跨电子、电力和控制三个领域的一门新型工程技术学科，它主要研究各种电力半导体器件及其电路和装置，以实现对电能的变换和控制。

7. **La boucle ouverte 开环**：在电动机的电路中，开环控制是指控制器发出指令后，电动机即作出相应动作，到此流程结束；而闭环控制则是指控制器发出指令，电动机作出相应动作后，还要将动作执行结果（是否执行到位）反馈给控制器，以便控制器发出调整指令。一般情况下，步进电机多采用开环控制，而伺服电机多采用闭环控制。

8. **Le système de positionnement 定位系统**：该定位系统非地理位置定位系统，而是指电动机转子角度的定位系统。

9. **La commande proportionnelle 比例控制**：也被称作步进电机的细分控制。比如对定子上两个相互垂直的线圈（相差 90 度）分别通电，可以依次得到两个相差 90 度角的磁场，转子上的相异磁极便会依次指向这两个线圈；如果设

计更复杂些，给两个线圈同时通电，那就可以得到相差 45 度的磁场，转子的磁极便会指向两个线圈的中间；再考虑得更复杂，一个线圈得到 10% 电流，另一个得到 90%，就会合成一个相应比例磁场了。

10. Le micro pas 微步：即 "比例控制" 的另一种叫法。

---

## Exercices

### 1. Traduire les mots et les expressions suivants en français.

| | | |
|---|---|---|
| 定子 | 转子 | 线圈 |
| 连线 | 电刷 | 同步电机 |
| 异步电机 | 直流电机 | 交流电机 |
| 步进电机 | 发电机 | 传感器 |
| 机床 | 脉冲 | 低功率 |
| 磁场 | 微步 | 电磁铁 |
| 永磁铁 | 无刷电机 | 三相电 |
| 频率 | 串励 | 并联 |
| 总成 | 整流子 | 兆瓦 |

### 2. Expliquer le principe de fonctionnement du *collecteur du moteur*.

### 3. Traduire le texte suivant en chinois.

Dans **le moteur à cage d'écureuil** (triphasé ou monophasé), le rotor est composé d'un cylindre feuilleté muni d'encoches dans lesquelles sont logées des barres, reliées des deux côtés par des couronnes qui les mettent en court-circuit. Pour que le moteur tourne, il faut que la fréquence de rotation du rotor soit plus faible que celle du champ tournant, c'est pourquoi le rotor tourne de façon asynchrone.

Le rendement du moteur dépend pour une part de la place disponible pour monter les bobinages du stator. Ceci explique pourquoi les moteurs à plusieurs enroulements séparés (deux ou trois vitesses) ont des rendements plus faibles.

**Les moteurs à rotor extérieur** sont largement répandus dans le domaine de la ventilation. Comme le bobinage se trouve dans le cœur du moteur, il est en règle générale nécessaire de restreindre sa taille. Le rotor extérieur tourne autour du stator qui lui reste fixe. Ceci présente un avantage pour la construction, car la roue du ventilateur peut être fixée directement sur le moteur.

Ce type de construction a l'avantage de supprimer la courroie de transmission toujours source de pertes d'énergie. Par contre, pour pouvoir diffuser largement ce type de moteurs, il fallait lui adjoindre un système permettant de régler la vitesse de rotation. Ceci est réalisé couramment à l'aide de systèmes de réglage agissant sur le glissement du moteur par réduction de la tension d'alimentation. La plupart de ces systèmes de réglage occasionnent des pertes d'énergie considérables et créent des harmoniques.

## Lecture

## Moteur pour ventilateurs

### A. Plaque signalétique

Exemple de plaque signalétique de moteur électrique (Voir Fig. 9).

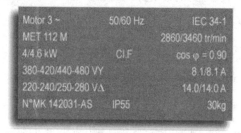

**Fig.9**

## B. Types de moteur

1. Le moteur à cage d'écureuil (triphasé ou monophasé) (Voir Fig. 10)
2. Le moteur à rotor extérieur (Voir Fig. 11)
3. Ventilateur à entraînement direct et moteur à courant continu (Voir Fig. 12).

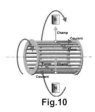

Fig.10

Fig.11

Fig.12

## C. Normalisation

Les dimensions principales des moteurs ont été standardisées par les normes CENELEC (Comité européen de normalisation électrotechnique) et CEI (Commission électrotechnique internationale). Cette standardisation concerne les hauteurs et diamètres d'axe, les dimensions des supports, ... Elle assure donc l'interchangeabilité des moteurs entre les différentes marques.

## D. Puissance à l'axe

La puissance à l'axe, appelée aussi puissance moteur est la puissance utile au ventilateur. La puissance absorbée au réseau électrique et facturée par le distributeur est égale à la puissance moteur divisée par le rendement du moteur.

## E. Degré de protection

Le degré de protection est repéré par l'abréviation IP suivie de 2 chiffres. Le premier chiffre représente la protection contre les contacts accidentels et l'introduction de particules solides et le deuxième chiffre représente la protection contre l'introduction de particules liquides.

## F. Système de refroidissement et classe d'isolation

La classe d'isolation définie selon CEI 85 indique la température maximum que peut atteindre le moteur.

Les moteurs de construction standard sont prévus pour une utilisation à température ambiante maximale de 40℃ (et une altitude maximale du site de 1 000 m). Tout écart nécessite une correction des puissances nominales.

## G. Vitesse de rotation

La vitesse de rotation (n) d'un moteur asynchrone dépend de la fréquence du réseau (f), du nombre de paires de pôles du moteur (P) et du glissement (s).

## H. Rendement du moteur

Les données de la plaque signalétique, correspondant à un fonctionnement en régime, permettent de calculer le rendement à la puissance nominale.

## I. Facteur de puissance

Le moteur à induction ne tire pas seulement du réseau, de la puissance active qu'il transforme en travail mécanique, mais aussi de la puissance réactive nécessaire à l'excitation, mais avec laquelle il ne fournit pas réellement du travail. Il en résulte un cos $\varphi$ inférieur à 1.

Suivant la taille du moteur et le nombre de pôles, la valeur de cos se trouve entre 0,6 (pour petits moteurs et nombre de pôles élevés) et 0,9 (pour grands moteurs et petit nombre de pôles).

第十四课　电气及电器

# Electricité

**GENERALITES DE LA NORME NF C 15-100 :**

## 1. Section des conducteurs, calibres des protections (Voir Tab.1):

Tab.1        Section des conducteurs, calibres des protections

| nature du circuit | section minimale des conducteurs (mm²) | courant assigné maximal du dispositif de protection (A) | |
|---|---|---|---|
| | cuivre | disjoncteur | fusible |
| éclairage, volets roulants, prises commandées | 1,5 | 16 | 10 |
| VMC | 1,5 | 2 (1) | non autorisé |
| circuit d'asservissement tarifaire, fil pilote, gestionnaire d'énergie, ⋯ | 1,5 | 2 | non autorisé |
| prises de courant 16 A : - circuit avec 5 socles max. | 1,5 | 16 | non autorisé |
| - circuit avec 8 socles max. | 2,5 | 20 | 16 |
| circuits spécialisés avec prise de courant 16 A (machine à laver, sèche-linge, four,⋯) | 2,5 | 20 | 16 |
| chauffe-eau électrique non instantané | 2,5 | 20 | 16 |
| cuisinière, plaque de cuisson - en monophasé | 6 | 32 | 32 |
| - en triphasé | 2,5 | 20 | 16 |

| | 1,5 | 16 | 10 |
|---|---|---|---|
| autres circuits y compris le tableau divisionnaire (2) | 2,5 | 20 | 16 |
| | 4 | 25 | 20 |
| | 6 | 32 | 32 |

(1) Sauf cas particuliers où cette valeur peut-être augmentée jusqu'à 16 A.

(2) Ces valeurs ne tiennent pas compte des chutes de tension.

## 2. Protection différentielle 30 mA :

Tous les circuits de l'installation doivent être protégés par un dispositif différentiel résiduel (DDR) 30 mA. Les circuits sont à répartir judicieusement en aval des 30 mA, recommandation de protéger par des 30 mA différents les circuits d'éclairage et les prises de courant d'une même pièce. L'ensemble des circuits de chauffage, y compris le fil pilote, est placé sous un même 30 mA. La protection des circuits extérieurs, alimentant des applications extérieures non fixées au bâtiment, doit être distincte de celle des circuits intérieurs (Voir Tab.2).

Tab.2    Choix des interrupteurs différentiels

| surface des locaux d'habitation | branchement monophasé de puissance ≤ 18 kVA, avec ou sans chauffage électrique. nombre, type et courant assigné minimal des interrupteurs différentiels 30 mA |
|---|---|
| surface ≤ 35 m$^2$ | 1 × 25 A de type AC et 1 × 40 A de type A (1) |
| 35 m$^2$ < surface ≤ 100 m$^2$ | 2 × 40 A de type AC (2) et 1 × 40 A de type A (1) |
| surface >100 m$^2$ | 3 × 40 A de type AC (2) et 1 × 40 A de type A (1) |

(1) L'interrupteur différentiel 40A de type A doit protéger les circuits suivants :
- le circuit spécialisé de la cuisinière ou de la plaque de cuisson,
- le circuit spécialisé du lave-linge.
En effet ces circuits alimentent des matériels qui, en fonction de la technologie utilisée, peuvent, en cas de défaut, produire des courants comportant des composantes continues. Dans ce cas, le DDR, conçu pour détecter ces courants, assure la protection.
- et éventuellement, deux circuits non spécialisés (éclairage ou prises de courant).
Dans le cas où cet interrupteur différentiel de type A est amené à protéger un ou deux circuits spécialisés supplémentaires, son courant assigné doit être égal à 63A.
(2) Lorsque des circuits de chauffage et de chauffe-eau électrique, dont la somme des puissances est supérieure à 8 kVA, sont placés en aval d'un même interrupteur différentiel, remplacer un interrupteur différentiel 40 A de type AC par un interrupteur différentiel 63 A de type AC

## 3. Circuits spécialisés :

Chaque gros électroménager doit être alimenté par un circuit spécialisé. Au moins 4 circuits spécialisés doivent être prévus :

- 1 circuit cuisson : 1 circuit alimentation cuisinière ou plaque cuisson seule sur boîte de connexion ou prise 32 A mono ou 20 A tri.
- 3 circuits avec socle prise de courant 16 A pour alimentation d'appareils du type : lave-linge, lave-vaisselle, sèche-linge, four indépendant, congélateur.

Lorsque l'emplacement du congélateur est défini, il convient de prévoir 1 circuit spécialisé avec 1 dispositif différentiel 30 mA spécifique à ce circuit, de préférence à immunité renforcée (possibilité d'alimentation par transformateur de séparation).

D'autres circuits spécialisés sont à mettre en œuvre si les applications sont prévues :

- chauffe-eau, chaudière et ses auxiliaires, pompe à chaleur, climatisation.
- appareil de chauffage salle de bains (par ex. sèche-serviette).
- piscine.
- circuits extérieurs (alimentation d'une ou plusieurs utilisations non attenantes au bâtiment, par ex. éclairage jardin, portail automatique, ⋯)
- alarmes, contrôles, ⋯
- VMC lorsqu'elle n'est pas collective...

---

### Lexique

le conducteur  导线

le calibre  导线截面积

la protection différentielle  差压保护

la prise  插座

la connexion  连接

la foudre  闪电

la gaine  穿线盒；线槽

les volets roulants  卷帘门窗

la prise commandée  远程控制插座

l'asservissement  随动装置

le fil pilote  中线

le gestionnaire d'énergie  暖气控制器

le socle  座子

instantané,e  *a.* 瞬时的

la cuisinière  炉灶

la plaque de cuisson  炉盘

le tableau divisionnaire　分电板　　　　résiduel, le　*a.* 剩余的

la chutes de tension　电压下降　　　　judicieusement　*adv.* 合理地

la section　截面积　　　　　　　　　　en aval de　在……的下游

assigner　*vt.* 规定　　　　　　　　　l'immunité　*f.* 抗扰性

le disjoncteur　（自动）断路器　　　attenant, e　*a.* 相连的

le fusible　保险丝

## Notes

1.　**VMC 新风系统：**全称为 La ventilation mécanique contrôlée。

2.　**Le fil pilote 中线：**是指（在电采暖设备中）向设备单向传递信息指令的控制（电路）导线。Le fil pilote est un fil supplémentaire (en plus de la phase, du neutre et de la terre) que l'on amène jusqu'aux radiateurs. Ce fil doit être protégé par un disjoncteur et il doit être coupé en même temps que les 3 autres lorsque l'on veut intervenir sur un radiateur. En effet, le signal "pilote" qu'il véhicule est proche du 230V. Donc, lorsque l'on ouvre le disjoncteur des 3 fils principaux, il faut en même temps ouvrir, sectionner le fil pilote. Soit on signale par une étiquette claire « ATTENTION, FIL PILOTE A SECTIONNER », soit on utilise des disjoncteurs spéciaux qui comprennent cette fonction.

3.　**DDR 剩余电流差动保护：**Le principe d'un dispositif différentiel à courant résiduel (DDR) est de comparer les intensités sur les différents conducteurs qui le traversent. Par exemple, en monophasé, il compare l'intensité circulant dans le conducteur de phase, et celle du conducteur de neutre. C'est un appareil de protection des personnes et de détection des courants de fuite à la terre de l'installation électrique. Son fonctionnement est très simple : chaque conducteur passe dans un tore magnétique, formant ainsi des champs électromagnétiques de force identique et en opposition qui s'annulent. En cas de différence, d'où son nom de différentiel, le champ électromagnétique résultant actionne un dispositif qui coupe immédiatement le courant.

**1. Traduire les mots et les expressions suivants en français, trouver les images correspondantes sur Internet et les afficher à côté du mot concerné.**

| | | |
|---|---|---|
| 火线 | 零线 | 地线 |
| 自动断路器 | 差动保护 | 导线面积 |
| 电阻丝 | 开关 | 电线 |
| 卷帘门窗 | 配电盘 | 接线盒 |
| 电压 | 电表 | 电源插座 |
| 电热取暖器 | 接线板（插线板） | |

**2. Traduire le texte suivant en chinois.**

### Prises de courant

Installation de façon à ce que l'axe des alvéoles soit au moins à 50 mm au-dessus du sol fini pour les socles < 32 A et 120 mm au moins pour les socles 32 A.

Fixation par griffes vivement déconseillée et interdite à partir du 1$^{er}$ juin 2004, utilisation recommandée de boîtes d'encastrement mixtes.

Au moins 1 socle prise de courant 16 A doit être placé à proximité de chaque prise de communication ou de télévision.

Les socles 16 A doivent être du type à obturation.

Les socles > à 16 A sont :

- soit à obturation.
- soit installés avec l'axe des alvéoles placé à 1,40 m ou plus du sol fini.
- soit munis d'un volet de protection.
- au-delà du 1$^{er}$ juin 2004 tous les socles devront être à obturation.

Prises de courant placées dans le sol, les socles doivent avoir les degrés de protection IP 24 et IK 08.

Prises de courant commandées :

- chaque socle est compté comme 1 point éclairage.

- alimentation par les circuits éclairage.

- courant nominal socle = 16 A.

- recommandation de repérage des socles.

Dispositif de commande :

- 2 socles au plus placés dans la même pièce : utilisation d'un interrupteur.

- plus de 2 socles : utilisation de télérupteur, contacteur ou similaire.

  Décompte des socles de prises de courant montées dans 1 même

  boîtier :

- ensemble de 1 ou 2 socles = 1 socle.

- ensemble de 3 ou 4 socles = 2 socles.

- ensemble > à 4 socles = 3 socles.

---

**Lecture**

## Volume 0 – 3 de la salle de bains

VOLUME 0 : la baignoire ou la douche

Tout appareil électrique (sèche-cheveux, rasoir, téléphone portable, etc.) est interdit.

VOLUME 1 : au-dessus de la baignoire et du bac à douche jusqu'à 2,25 m

Ne sont autorisés que les appareils d'éclairage ou les interrupteurs alimentés en Très Basse Tension de Sécurité 12V (TBTS 12V). Pour ces appareils électriques, on veillera à ce qu'ils portent la marque NF et soient protégés contre les projections d'eau.

**VOLUME 2 :** au-dessus de la baignoire et du bac à douche jusqu'à 3 m de haut et 60 cm autour

Tous les matériels tels qu'appareils de chauffage électrique ou appareils d'éclairage doivent être de classe II, porter la marque NF et être protégés contre la pluie (seules sont admises les prises « rasoirs » équipées d'un transformateur de séparation).

**VOLUME 3 :** au-delà de 60 cm

Sont admis les appareillages électriques et les matériels électriques de classe I, les prises de courant de type 2P + T et les boîtes de connexion. Ils doivent porter la marque NF et être protégés contre les chutes verticales de gouttes d'eau (ou IPX 1).

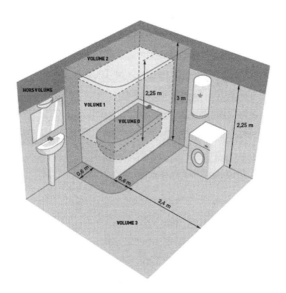

第十五课　测量仪表
# Instrument de mesure

## Différent instruments de mesure

### 1. Altimètre

Un altimètre est essentiellement juste un baromètre qui est étalonné pour mesurer l'altitude actuelle d'un avion à la place de la pression d'air (Voir Fig. 1). Les altimètres barométriques sont des dispositifs principalement utilisés dans les aéronefs de mesurer des hauteurs.

Fig.1

### 2. Jeux de cales (jauges) de mécanicien

Jeux de cales (jauges) de mécanicien est un outil ou instrument de mesure simple permettant de mesurer, ou plutôt d'estimer, l'espacement entre deux pièces mécaniques, communément appelé jeux (Voir Fig. 2). Cet outil se présente sous la forme d'une fine lame d'acier, d'environ 1 cm de largeur et de 5 à 10 cm de longueur, possédant une épaisseur calibrée, l'indication de l'épaisseur est gravée directement sur la lame.

Fig.2

## 3. Pied à coulisse

Un pied à coulisse est un instrument de mesure de longueur composé essentiellement de deux parties coulissantes l'une par rapport à l'autre (Voir Fig. 3). Cet instrument est très utilisé en mécanique, il permet de mesurer facilement les cotes extérieures d'une pièce ou le diamètre d'un alésage.

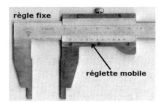

Fig.3

## 4. Micromètre (appareil de mesure)

Le micromètre, ou « palmer », est un appareil de mesure des longueurs (Voir Fig. 4). Il est très utilisé en mécanique pour mesurer des épaisseurs, des diamètres de portées cylindriques (micromètre d'extérieur) ou des diamètres de perçage ou d'alésage (micromètre d'intérieur). Le micromètre est également un instrument de mesure utilisé en astronomie pour mesurer la distance qui sépare les étoiles doubles.

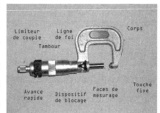

Fig.4

Son avantage réside dans la vis micrométrique qui lui donne une bonne précision ainsi qu'une bonne fidélité.

## 5. Kutsch

Le kutsch est une règle à trois faces doubles graduées en fonction des échelles courantes des plans et des cartes, permettant de porter ou de lire directement sur ces documents la distance horizontale entre deux points, sans avoir à faire de conversion. (Voir Fig. 5)

Les échelles présentes sont choisies en fonction du domaine d'utilisation (topographie,

Fig.5

travaux publics, bâtiments, mécanique,···). Le plus souvent, on trouve sur les kutschs :

- face noire : 1/500$^e$ et 1/1000$^e$
- face rouge : 1/2000$^e$ et 1/1500$^e$
- face verte : 1/2000$^e$ et 1/2500$^e$

## 6. Télémètre laser

Le télémètre laser est un appareil pour mesurer la distance (Voir Fig. 6). Que ce soit des particuliers ou des professionnels, il est indispensable pour savoir la distance. Il n'est plus nécessaire de se déplacer ici et là, il suffit juste de presser le bouton, atteindre le cible et la mesure s'affiche sur l'écran. Avec lui, vous gagnez beaucoup plus de temps. Vous pouvez aussi en entendre parler

**Fig.6**

par des autres noms comme : distancemètre laser, mesureur laser, mètre laser et beaucoup d'autres encore.

## 7. Éprouvette graduée

L'éprouvette graduée est un récipient utilisé en laboratoire pour mesurer des volumes de liquides (Voir Fig. 7).

L'éprouvette graduée est constituée d'un cylindre vertical gradué, ouvert en haut et généralement muni d'un bec verseur, fermé en bas et reposant sur un pied pour assurer sa stabilité.

Il existe des éprouvettes graduées rétrécies dans leur partie supérieure (sans bec verseur) et munies d'un rodage ou d'un pas de vis pour recevoir un bouchon.

Une éprouvette est généralement en verre (souvent borosilicaté Pyrex$^®$) ou en matière plastique (polypropylène, styrène acrylonitrile (SAN), polyméthylpentène (PMP ou TPX$^®$)...)

**Fig.7**

## 8. Inclinomètre

Boussole avec inclinomètre incorporé réglable par niveau à bulle.

Un inclinomètre (ou clinomètre) est un instrument servant à mesurer des angles par rapport à la ligne d'horizon (ou horizontale) (Voir Fig. 8). Là où le niveau à bulle (ou niveau) permet de détecter précisément où se situe l'horizontale, l'inclinomètre détermine en plus l'angle d'inclinaison par rapport à cette horizontale.

Fig.8

## 9. Rapporteur

Les d'angles sont des fournitures utilisées dans la mesure d'angles et dans le dessin (Voir Fig. 9). Les rapports sont des outils utilisés par les géomètres, les enseignants, les architectes et bien d'autres professionnels.

Fig.9

## 10. Théodolite

Un théodolite est un type de télescope qui peut être utilisé à la fois horizontalement et verticalement pour mesurer des angles (Voir Fig. 10). Les théodolites sont largement utilisés par les topographes lors de projets de construction. L'instrument est utilisé en plaçant le télescope à un point donné, puis en déterminant un deuxième point de mesure. Ensuite, la lecture de l'angle se fait à travers la lunette.

Fig.10

## 11. Indicateur de vitesse

L'Indicateur de vitesse ou « compteur de vitesse » est un instrument permettant d'indiquer la vitesse de déplacement d'un véhicule (Voir Fig. 11). Pratiquement toutes les automobiles, motocyclettes et autres engins motorisés en sont équipés. Dans une auto, on le trouve très souvent juste derrière le volant, parfois au centre du tableau de bord.

**Fig.11**

## 12. Anémomètre

Un anémomètre est un appareil qui permet de mesurer la vitesse du vent (Voir Fig. 12). Il est muni d'un capteur mécanique de type éolien qui tourne en fonction de la puissance du vent. La vitesse de rotation de l'hélice est proportionnelle à la vitesse du vent. Après transformation de cette vitesse de rotation à l'aide d'un procédé mécanique, magnétique ou électronique, la vitesse du vent est visualisée par l'intermédiaire d'une aiguille sur un cadran ou d'un afficheur électronique.

**Fig.12**

## 13. Baromètre

Le baromètre est un instrument de mesure, utilisé en physique et en météorologie, qui sert à mesurer la pression atmosphérique (Voir Fig. 13). Il peut, de façon secondaire, servir d'altimètre pour déterminer, de manière approximative, l'altitude.

Fig.13

## 14. Compte-tours

Un tachymètre ou compte-tours est un instrument de mesure permettant d'indiquer la vitesse de rotation d'une pièce en mouvement (Voir Fig. 14). Le capteur peut être mécanique, optique ou à courants de Foucault.

Comme son nom ne l'indique pas, le compte-tours ne totalise pas les tours du moteur, mais compte le nombre de tours par unité de temps (généralement des tours par minute).

Fig.14

## 15. Manomètre

Un manomètre est un instrument servant à mesurer une pression (Voir Fig. 15).

En plongée sous-marine, il est utilisé pour mesurer la pression d'air restant dans une bouteille, tant en immersion (manomètre immergeable) qu'en surface (manomètre de surface).

**Fig.15**

## 16. Vacuomètre

Un vacuomètre est dispositif qui permet de mesurer la valeur de la pression des gaz résiduels dans un tube à vide. Le vacuomètre est aussi appelé indicateur de vide. (Voir Fig. 16)

**Fig.16**

## 17. Galvanomètre

Un galvanomètre est l'un des modèles d'ampèremètre de type analogique (Voir Fig. 17). L'appareil est muni d'une aiguille permettant de visualiser la mesure. L'aiguille est chargée d'amplifier visuellement un mouvement, elle permet la lecture directe en se déplaçant devant une échelle graduée avec les valeurs à mesurer. Souvent l'échelle graduée est munie dans sa partie basse d'un miroir correcteur de parallaxe, permettant d'éviter les erreurs de lecture.

**Fig.17**

## 18. Ampèremètre

Un ampèremètre est un appareil de mesure de l'intensité d'un courant électrique dans un circuit. L'unité de mesure de l'intensité est l'ampère, symbole : A. (Voir Fig. 18)

**Fig.18**

## 19. Voltmètre

Le voltmètre est un appareil qui permet de mesurer la tension (ou différence de potentiel électrique) entre deux points, grandeur dont l'unité de mesure est le volt (V) (Voir Fig. 19). La grande majorité des appareils de mesure actuels est construite autour d'un voltmètre numérique, la grandeur physique à mesurer étant convertie en tension à l'aide d'un capteur approprié.

**Fig.19**

## 20. Ohmmètre

Un ohmmètre est un instrument de mesure qui permet de mesurer la résistance électrique d'un composant ou d'un circuit électrique (Voir Fig. 20). L'unité de mesure est l'Ohm, noté $\Omega$.

Un mégohmmètre est un instrument de mesure destiné à mesurer une résistance d'isolement électrique.

**Fig.20**

## 21. Spectromètre

Un spectromètre est un appareil de mesure permettant de décomposer une quantité observée-un faisceau lumineux en spectroscopie, ou bien un mélange de molécules par exemple en spectrométrie de masse – en ses éléments simples qui constituent son spectre (Voir Fig. 21). En optique, il s'agit d'obtenir les longueurs d'onde spécifiques constituant le faisceau lumineux (spectre électromagnétique) tandis que, pour un mélange chimique, il s'agira d'obtenir les masses spécifiques de chacune des molécules (spectre de masse). Des spectromètres sont également utilisés en acoustique afin d'analyser la composition d'un signal sonore. De façon générale l'étude des spectres est appelée la spectrométrie.

Fig.21

## 22. Multimètre

Un multimètre (également appelé contrôleur universel) est un ensemble d'appareils de mesures électriques regroupés en un seul boîtier, généralement constitué d'un voltmètre, d'un ampèremètre et d'un ohmmètre. (Voir Fig. 22)

Fig.22

## 23. Wattmètre

Le wattmètre est un appareil qui mesure la puissance électrique consommée par un récepteur ou fournie par un générateur électrique. (Voir Fig. 23)

Fig.23

## 24. Thermomètre

Un thermomètre est un appareil qui sert à mesurer des températures. C'est le domaine d'étude de la thermométrie. (Voir Fig. 24)

**Fig.24**

## 25. Thermocouple

En physique, les thermocouples sont utilisés pour la mesure de températures (Voir Fig. 25). Ils sont bon marché et permettent la mesure dans une grande gamme de températures. Leur principal défaut est leur précision : il est relativement difficile d'obtenir des mesures avec une erreur inférieure à 0,1-0,2 ℃ . La mesure de température par des thermocouples est basée sur l'effet Seebeck.

**Fig.25**

## 26. pH-mètre

Un pH-mètre est un appareil souvent électronique permettant la mesure du pH d'une solution aqueuse. (Voir Fig. 26)

**Fig.26**

## 27. Hygromètre

Un Abri Stevenson accueillant différents instruments de mesures dont un hygromètre (Voir Fig. 27). Les hygromètres sont des appareils qui servent à mesurer le taux d'humidité présent dans l'air ou dans les matériaux.

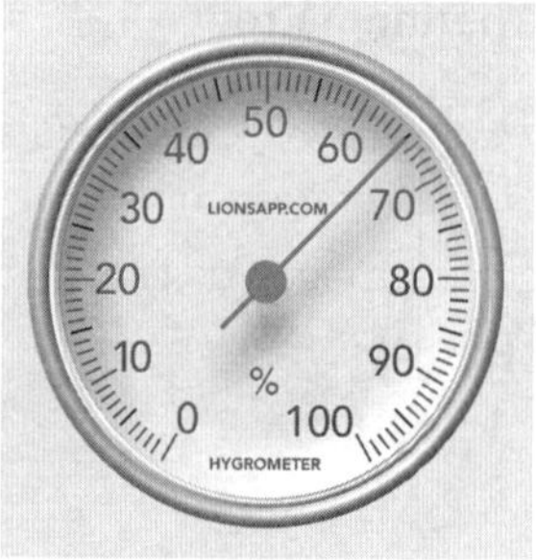

**Fig.27**

## 28. Dosimètre

Un dosimètre est un instrument de mesure destiné à mesurer la dose radioactive ou l'équivalent de dose reçus par une personne exposée à un rayonnement ionisant. (Voir Fig. 28)

Il existe deux types de dosimètre : le dosimètre passif (ou à lecture différé) et le dosimètre opérationnel (ou électronique, ou actif).

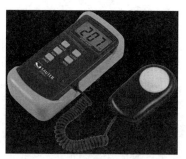

**Fig.28**

## 29. luxmètre

Un luxmètre est un capteur permettant de mesurer simplement et rapidement l'éclairement réel, et non subjectif. (Voir Fig. 29)

L'unité de mesure est le lux.

Le luxmètre permet une mesure de la lumière réellement reçue en un point donnée (architecture d'intérieur, environnement nocturne).

**Fig.29**

l'altimètre  *m.*  海拔高度计

les jeux de cales de mécanicien  塞尺

le pied à coulisse  游标卡尺

le micromètre  千分尺

le kitsch  三棱比例尺

le télémètre  测距仪

la géodésie  测量学

acoustique  *a.*  声学的

radioélectrique  *a.*  无线电的

la éprouvette graduée  量筒

le inclinomètre  测斜仪

le rapporteur  量角尺

le théodolite  经纬仪

le topographe  测量员

le indicateur de vitesse  速度表

l'anémomètre  *m.*  风速表

le compte-tours  转速表

le baromètre  气压表

le manomètre  压力表

le vacuomètre  真空表

le galvanomètre  电流计

l'ampèremètre  *m.*  安培表

le voltmètre  电压表

l'ohmmètre  *m.*  电阻表

le spectromètre  光谱仪

le spectre  光谱

le multimètre  万能表

le wattmètre  功率表

le thermomètre  温度计

le thermocouple  热电偶

le pH-mètre  pH 计

la solution aqueuse  水溶解（液）

l'hygromètre  *m.*  湿度计

le dosimètre  剂量计

le luxmètre  亮度计

la grandeur physique  物理量

l'étendue de mesure  *m.*  测量范围

la sensibilité  灵敏度

la précision  精确度

la linéarité  直线带

la bande passante  通频带

la plage de température  温度范围

la dérive thermique  发热度

la résolution  分辨率

l'hystérésis  *m.*  响应延迟

**Notes**

1.  仪器仪表文件的翻译：仪器仪表作为测量和控制的部件或工具，所有工程技术项目都不可缺少，相关文件翻译是工程技术法语翻译的基础能力之一。作为自动化控制的组成部分之一，其所涉及的专业技术强，相关翻译难点多，需要特别进行训练和准备。

2. 仪器仪表可分为**测量仪器仪表**（instrument de mesure）和**控制仪器仪表**（instrument de contrôle）。前者主要用于测量各种量值，后者主要是生产环节控制各项指标：流量控制、温度控制等。

3. **La grandeur physique 物理量**：简称为量，如长度、质量、时间等。物理量具有明确定义及其物理意义，可用各种方法对它进行测量，测量的结果用数值和物理量单位来表示。

4. **La plage de température de fonctionnement 工作温度范围**：一般是指电子元件正常工作的一个温度范围。

---

| **Exercices** |
| --- |

**1. Traduire les mots et les expressions suivants en français.**

| | | |
| --- | --- | --- |
| 变送器 | 传感器 | 电容器 |
| 清晰度 | 膨胀 | 镇流器 |
| 整流器 | 流量计 | 电表 |
| 水表 | 二极管 | 温度计 |
| 水银温度计 | 湿度计 | 水位计 |
| 刻度 | 信号放大器 | |

**2. 请选择一项仪表，查询资料，做成 PPT，在课上向其他同学介绍该仪表的中法文名称、主要构成、工作原理和操作方法。**

**3. Traduire la lecture en chinois.**

# Capteur

Un capteur est un dispositif qui transforme l'état d'une grandeur physique observée en une grandeur utilisable, exemple : une tension électrique, une hauteur de mercure, une intensité, la déviation d'une aiguille····. On fait souvent (à tort) la confusion entre capteur et transducteur : le capteur est au minimum constitué d'un transducteur.

Le capteur se distingue de l'instrument de mesure par le fait qu'il ne s'agit que d'une simple interface entre un processus physique et une information manipulable. Par opposition, l'instrument de mesure est un appareil autonome se suffisant à lui-même. Il dispose donc d'un affichage ou d'un système de stockage des données. Ce qui n'est pas forcément le cas du capteur.

Les capteurs sont les éléments de base des systèmes d'acquisition de données. Leur mise en œuvre est du domaine de l'instrumentation.

## Classification

Les capteurs ont plusieurs modes de classification :

## Apport énergétique

Capteurs passifs

Ils ntont pas besoin d'apport d'énergie extérieure pour fonctionner (exemple : thermistance, potentiomètre, thermomètre à mercure···). Ce sont des capteurs modélisables par une impédance. Une variation du phénomène physique étudié (mesuré) engendre une variation de l'impédance.

Capteurs actifs

Ils sont constitués d'un ou d'un ensemble de transducteurs alimentés (exemple : chronomètre mécanique, jauge d'extensométrie appelée aussi jauge de contrainte, gyromètre···). Ce sont des capteurs que l'on pourrait modéliser par des générateurs comme les systèmes photovoltaïques et électromagnétiques. Ainsi ils génèrent soit un courant, soit une tension en fonction de l'intensité du phénomène physique mesuré.

## Type de sortie

Les capteurs peuvent aussi faire l'objet d'une classification par type de sortie:

Capteurs analogiques

Le signal des capteurs analogiques peut être du type : sortie tension, sortie courant, règle graduée...

Quelques capteurs analogiques typiques : capteur à jauge de contrainte, LVDT

Capteurs numériques

Le signal des capteurs numériques peut être du type : train d'impulsions, avec un nombre précis d'impulsions ou avec une fréquence précise, code numérique binaire, bus de terrain...

Quelques capteurs numériques typiques : les capteurs incrémentaux, les codeurs absolus

## Caractéristiques des capteurs

On caractérise un capteur selon plusieurs critères dont les plus courants sont : la grandeur physique observée, son étendue de mesure, sa sensibilité, sa précision, sa linéarité, sa bande passante, sa plage de température de fonctionnement, sa dérive thermique, sa résolution, son hystérésis

Remarques : Pour utiliser un capteur dans les meilleures conditions, il est souvent utile de pratiquer un étalonnage et de connaître les incertitudes de mesures relatives à celui-ci.

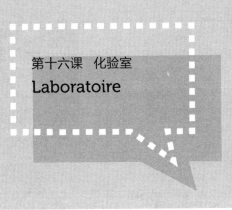

第十六课　化验室
# Laboratoire

## A. Matériels de laboratoire de chimie

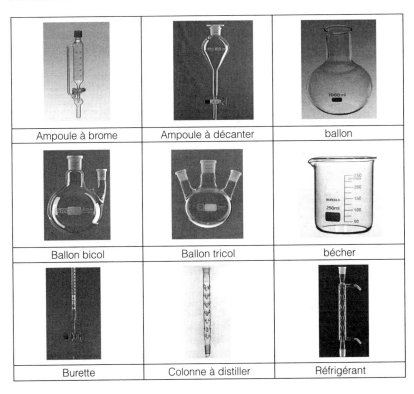

| | | |
|---|---|---|
| Ampoule à brome | Ampoule à décanter | ballon |
| Ballon bicol | Ballon tricol | bécher |
| Burette | Colonne à distiller | Réfrigérant |

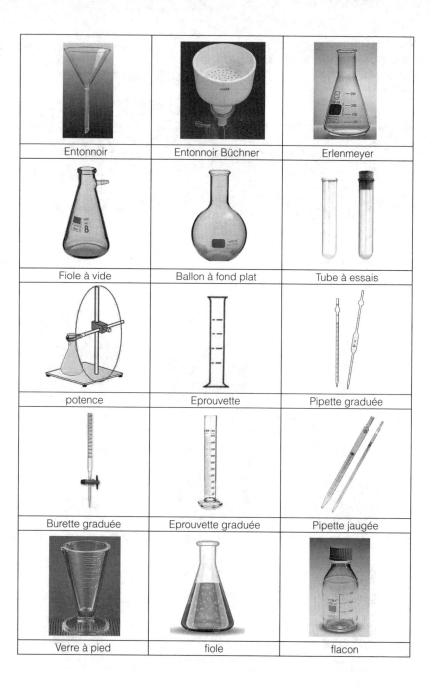

| | | |
|---|---|---|
| Entonnoir | Entonnoir Büchner | Erlenmeyer |
| Fiole à vide | Ballon à fond plat | Tube à essais |
| potence | Eprouvette | Pipette graduée |
| Burette graduée | Eprouvette graduée | Pipette jaugée |
| Verre à pied | fiole | flacon |

| | | |
|---|---|---|
| Flacon laveur (pissette) | Boîte de Petri | Seringue à gaz |
| Bec bunsen | Chauffe-ballon | colorimètre |
| Centrifugeuse | Hotte | Microscope |
| Plaque microtitre | Lecteur de plaques | spectrophotomètre |
| Thermocycleur | Thermomètre | Agitateur |

## B. Dosage acido-basique

Le dosage acido-basique est utilisé afin de déterminer la concentration inconnue d'une solution composée d'un acide ou d'une base, ou d'un mélange (Voir Fig. 1). Si la solution de titre inconnu est un acide, on verse une base de façon à neutraliser l'acide, l'intérêt étant de déterminer précisément la quantité de base ajoutée pour neutraliser l'acide. Il existe deux méthodes :

- l'utilisation d'un indicateur coloré (volumétrie colorimétrique non-instrumentale),
- le tracé de la courbe qui donne le pH en fonction du volume de base ajouté (volumétrie instrumentale).

Le même principe est utilisé pour déterminer le titre d'une solution de base de concentration inconnue : on utilise alors une solution acide pour effectuer le titrage.

La méthode est fiable, couramment utilisée, mais néanmoins limitée dans le cas des solutions trop diluées ou dans les cas de certains dosages de polyacides ou de polybases.

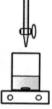

**Fig.1**

## 1. Aspect expérimental de la volumétrie instrumentale

Lors d'un dosage acido-basique, le composé de concentration inconnue est placé dans un bécher. Deux électrodes mesurent le pH. On ajoute à l'aide d'une burette une solution de concentration connue, et l'évolution du pH ainsi que la présence d'un indicateur coloré (comme le bleu de bromothymol) permet de déterminer la concentration du composé de concentration inconnue.

## 2. Exemple de mode opératoire

2.1 Exemple de matériel

### Verrerie

- Une burette de 25 ml
- Un verre à pied

- Deux béchers de 250 ml
- Une pipette de 10 ml
- Une éprouvette de 100 ml

## Produits

- L'acide à titrer, par exemple une solution d'acide chlorhydrique (HCl) de concentration de l'ordre de 100 mmol/L.
- La solution de base forte de concentration connue, par exemple une solution d'hydroxyde de sodium (ou soude, NaOH). La concentration doit être du même ordre que celle de l'acide, soit ici C = 100 mmol/L.
- Un compte-gouttes d'un indicateur coloré (optionnel).

## pH mètre

- Un pH mètre
- Une électrode combinée ou un jeu de deux électrodes composé d'une électrode de verre et d'une électrode de référence de type électrode au calomel.

## Divers

- Un support et deux pinces
- Une pissette d'eau distillée
- Un agitateur magnétique et un barreau aimanté

2.2 Préparatifs

## Burette

- Fixer la burette sur son support : s'assurer de sa stabilité.
- Placer le verre à pied sous la burette.
- Rincer la burette avec de l'eau distillée.
- Rincer deux fois la burette avec la solution de soude. Bien régler le ménisque sur le zéro de la burette.

## Bécher

- Rincer le bécher avec de l'eau distillée.
- Y verser 50 ml d'eau déminéralisée mesurée avec une éprouvette.
- Prélever une prise d'essai de 10 ml d'acide chlorhydrique à l'aide d'une pipette jaugée équipée d'une propipette. Placer l'acide dans le bécher.
- Mettre un barreau aimanté dans le bécher, et placer bécher sur un agitateur magnétique. Mettre le bécher sous la burette au dernier moment en cas de fuite de la burette.

## pH-mètre

- Rincer l' (les) électrode(s) à l'eau déminéralisée.
- La (les) fixer sur le support à électrodes.
- Selon le pH-mètre (Voir Fig. 2), on doit utiliser une ou deux solutions tampons. Considérons le cas où on utilise une seule solution tampon.
- Tremper les électrodes dans la solution tampon $pH = 7$.
- Ajuster le pH à l'aide du bouton de réglage du pH-mètre.
- Rincer l'(les) électrode(s).
- La (les) placer dans un bécher d'eau déminéralisée.

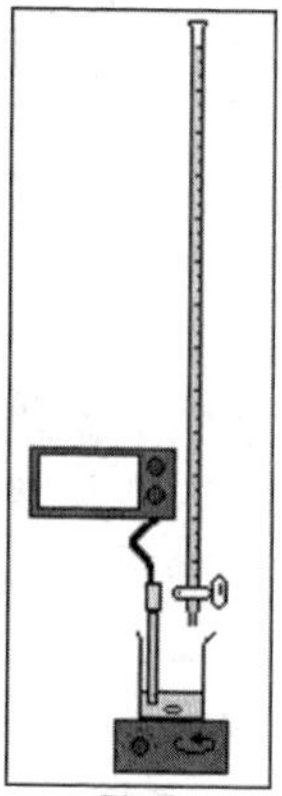

**Fig.2**

## 2.3 Réalisation

(1) Mise en place du dispositif
- Placer l'(les) électrode(s) dans le bécher contenant les 10 ml d'acide.
- Vérifier que le ménisque est bien au zéro de la burette.

(2) Dosage d'essai
- Noter le pH tous les 1 ml Noter le volume de soude correspondant au saut de pH (équivalence).

(3) Dosage précis
- Prélever le pH tous les 0,5 ml en dehors de la zone d'équivalence.
- Prélever le pH tous les 0,2 ml dans la zone d'équivalence.
- Tracer la courbe et en déduire les caractéristiques de l'équivalence (pH

et volume) ou faire le traitement sur ordinateur.

(4) Rangement

- Rincer les électrodes et remettre les capuchons que l'on remplit d'eau déminéralisée.
- Ne pas perdre le barreau aimanté dans l'évier (ni même dans les flacons de récupération).
- Laver, rincer et sécher toute la verrerie.

## Lexique

l'ampoule à brome  f. 加溴漏斗

l'ampoule à décanter  f. 分液漏斗

le ballon  圆底烧瓶

le ballon bicol  双口烧瓶

le ballon tricol  三口烧瓶

le bécher  烧杯

la burette  滴定管，量管

la colonne à distiller  蒸馏柱

le réfrigérant  冷凝器

l'entonnoir  m. 漏斗

l'entonnoir Büchner  m. 布氏漏斗

l'erlenmeyer  m. 锥形烧瓶

la fiole à vide  抽滤瓶（布氏烧瓶）

le ballon à fond plat  平底烧瓶

le tube à essai  试管

la potence  支架

l'éprouvette  f. 量筒

la pipette graduée  带刻度吸管

la burette graduée  带刻度滴定管

l'éprouvette graduée  f. 试管，量筒

la pipette jaugée  定量吸管

le verre à pied  量瓶

la fiole  长颈瓶，烧瓶

le flacon  试剂瓶

le flacon laveur  洗瓶

la pissette  洗瓶

la boîte de Petri  培养皿

le seringue à gaz  气体针管

le bec Bunsen  本生灯

le chauffe-ballon  圆底烧瓶电炉

le colorimètre  色度计

la centrifugeuse  离心机

la hotte  无菌箱

le microscope  显微镜

la plaque microtitre  微量板

le lecteur de plaques  微量板观测器

le spectrophotomètre  分光光度计（光谱仪）

le thermocycleur  热循环仪

l'agitateur  m. 搅拌器

le dosage  定量法

acido-basique  酸碱的

une base  碱

le titrage  滴定分析法

l'extracteur de soxhlet  *m.* 索氏提取器

la pipette  吸管

le pycnomètre  比重（瓶、计、管）

le bleu de bromothymol  溴麝香草酚蓝

l'acide chlorhydrique  *m.* 盐酸

l'hydroxyde de sodium  *m.* 氢氧化钠

le compte-gouttes  *n.m.inv.* 滴管

l'indicateur ~ (coloré)  *m.* 指示剂

le calomel  甘汞

la pissette  洗瓶

le barreau  杆，棒，杠

l'agitateur  *m.* 搅棒，搅拌器

le ménisque  弯月形透镜

la propipette  橡胶吸囊

---

**Notes**

1. mmol/L 毫摩尔 / 升：浓度单位
2. La prise d'essai 取样：即 "prélèvement"。
3. 本讲重点是掌握一些化验室的器材名称和操作规程的描述。有利于实验操作规程的翻译。

---

**Exercices**

## 1. Traduire les mots en français.

| | | |
|---|---|---|
| 显微镜 | 光谱仪 | 热卡计 |
| 培养皿 | 离心机 | 圆底烧瓶烧杯 |
| 试管 | 滴定 | 管漏斗 |
| 吸管 | 滴管 | 光谱 |
| 量筒 | 氢氧化钠 | 盐酸 |
| 酸 | 碱 | 试纸 |

## 2. Traduire le texte suivant en chinois.

### Essai labo Los Angeles

1. But de l'essai

L'essai Los Angeles permet de déterminer la résistance à la fragmentation par chocs des éléments d'un échantillon de granulats.

2. Domaine d'application

Cet essai s'applique aux granulats d'origine naturelle ou artificielle utilisés dans les travaux de Génie-Civil.

3. Appareillage

- Un jeu de tamis de dimension convenable, leur diamètre ne devra pas être inférieur à 250 mm.
- Matériel nécessaire pour effectuer l'échantillonnage du matériau et une analyse granulométrique par tamisage.
- Une machine Los Angeles comprenant.
  * Des charges de boulets (constituées de boules sphériques pesant entre 420 et 445 g en acier Z 30C (Ø = 47 mm ± 1 mm).
  * Un moteur d'au moins 0,75kw assurant au tambour de la machine une vitesse de rotation régulière comprise entre 30 et 33 tours / mm.
  * Un bac destiné à recueillir les matériaux après essai.
  * Un compte tour de type relatif arrêtant automatiquement le moteur au nombre de tours voulus.

4. Durée de l'essai : 02 jours

5. Mode opératoire

- La quantité envoyée au laboratoire sera au moins égale à 15000g.
- Tamiser l'échantillon à sec sur chacun des tamis de la classe granulaire choisie en commençant par le tamis le plus grand.

- Laver le matériau tamisé et le sécher à 105℃ jusqu'à l'obtention de la masse constante.

- La charge utilisée sera fonction de la classe granulaire.

| Classe granulaire (mm) | Nombre de boulets |
|---|---|
| 4 / 6,3 | 7 |
| 6,3 / 10 | 9 |
| 10 / 14 | 11 |
| 10 / 25 | 11 |
| 16 / 31,5 | 12 |
| 25 / 50 | 12 |

- Replacer le couvercle.

- Faire effectuer à la machine 500 rotations sauf pour la classe 25 / 50 où l'on effectue 1000 rotations à une machine régulière comprise entre 30 et 33 tours / mm.

- Recueillir le granulat dans un bac placé sous l'appareil, en ayant soin d'amener l'ouverture juste au-dessus de ce bac sur le tamis de 1,6 mm, le matériau étant pris plusieurs fois afin de faciliter l'opération.

- Laver le refus au tamis de 1,6 mm. Egoutter et sécher à l'étuve à 105℃ jusqu'à masse constant.

- Peser le refus une fois séché. Soit m' le résultat de la pesée.

**Lecture**

## Analyses

以下为常见的实验室检验报告所用的专业词汇或术语：

Analyses de composition  成分分析

Matière sèche  干固体
teneur en eau  含水量
glucides  碳水化合物
fibres  纤维
protéines  蛋白质
acides aminés  氨基酸
lipides  脂类
minéraux  矿物质
oligo-éléments  微量元素
vitamines  维生素
additifs  添加剂

conservateurs  防腐剂
antioxygènes  抗氧化剂
contaminants  杂菌
substances indésirables  异物
Poids net  净重
Humidité  湿度
Matières azotées  含氮物质
Matières grasses totales  脂肪物总计
Matières grasses libres  自由脂肪质
Cendres  灰分

Protides  蛋白质

**Indicateurs de fraîcheur  新鲜度指标**

Azote Basique Volatil Total (A.B.V.T.) 挥发性盐基总氮

Histamine  组胺

Triméthylamine  三甲胺

Collagène (L Hydroxyproline)  胶原 (L 羟基脯氨酸 )

**Calculs  计算**

Humidité sur protéines  蛋白质湿度

PCL

Humidité sur poids M/P  M/P 单位重量的水分

Collagène/protide  胶原 / 蛋白

**Lipides  脂类**

Acides gras (sans extraction)  脂肪酸 〔未提纯 〕

Acides gras (avec extraction)  脂肪酸 〔提纯 〕

Extinction spécifique E 232  E 232 紫外线吸收率

Extinction spécifique E 270  E 270 紫外线吸收率

**Indicateurs d'oxydation de dégradation et de stabilité des lipides**

**氧化降解和脂肪稳定性的指标**

Acidité en acide oléique  油酸酸度

Indice de peroxyde  过氧化物指数

Indice de peroxyde avec extraction  提纯过氧化物指数


Glucides  碳水化合物

Amidon (calcul SST-ST)  淀粉〔SST-ST 计算〕

Fibres alimentaires  食物纤维

Lactose  乳糖

Saccharose  蔗糖糖分

Spectres sucres 糖光谱：Fru 果糖、Glu 葡萄糖、Lact 乳糖、Malt 麦芽糖、Sacc 蔗糖

Sucres réducteurs  转化糖

Sucres solubles totaux (glucides)  总溶解糖〔碳水化合物〕

Sucres totaux dosables  总可定量糖

Aspartame  天门冬氨酸


Minéraux-Minéraux lourds  矿物质 —— 重矿物

**Métaux lourds  重金属**

Cd 镉、Hg 银、Pb 铅、As 砷、Cr 铬、Cu 铜、Ni 镍、Zn 锌

Cadmium Cd  镉

Mercure Hg  水银

Plomb Pb  铅

Arsenic As  砷


**Oligoéléments  微量元素**

Nickel Ni  镍                    Cuivre Cu  铜

Zinc Zn  锌                      Fer Fe  铁

Chrome Cr  铬

**Minéraux et sels minéraux  矿物质和矿物盐**

Na 钠、P 磷、Mg 镁

Phosphore  磷

Sodium  钠

Calcium  钙

Chlorures exprimés en NaCl  氯，符号为 NaCl（氯化钠）

Phosphates totaux exprimés en P205  表示为 P205 的磷酸盐总数

Nitrates et/ou Nitrites  硝酸盐和 / 或亚硝酸盐

Nitrites  亚硝酸盐


Additifs  添加剂

**Conservateurs  防腐剂**

Anhydride sulfureux $SO_2$  二氧化硫

Sulfites  亚硫酸盐

Métabisulfites  焦亚硫酸钠

Acide lactique  乳酸

Acides borique  石硼酸

Acide benzoïque  苯甲酸

Acide benzoïque et acide sorbique  苯甲酸和山梨酸

Acide citrique  柠檬酸

Acide L lactique  L 型乳酸

Acidité sorbique  山梨酸度

Parahydroxybenzoate d'éthyle  对羟基苯甲酸乙

Parahydroxybenzoate de méthyle  对羟基苯甲酸甲酯

Parahydroxybenzoate de propyle  对羟基苯甲酸丙酯

(hydroxybenzoate 对羟苯酸盐 d'éthyle 乙基 parahydroxybenzoate 防腐剂）

Acidité acétique  醋酸度

Acidité citrique  柠檬酸度

Benzoate de sodium  苯甲酸钠

## Autres  其他

Lactate mg/100g extrait sec dégraissé
乳酸盐 mg/100g 脱脂干提

Acide citrique  柠檬酸

## Vitamines  维生素

Vitamine A  维生素 A

Vitamine B1  维生素 B1

Vitamine B12  维生素 B12

Vitamine B2  维生素 B2

Vitamines B1 + B2  维生素 B1 + B2

Vitamine B5 (acide pantothénique)  维生素 B5（遍多酸）

Vitamine B6  维生素 B6

Vitamine B9 totale (acide folique)  维生素 B9（叶酸）

Vitamine C  维生素 C

Vitamine D3  维生素 D3

Vitamine E  维生素 E

Vitamine H (biotine)  维生素 H（生物素）

Vitamine PP  维生素 PP

Vitamines A + E  维生素 A + E

Vitamines A + E + D  维生素 A + E + D

Vitamines D + E  维生素 D + E

Vitamines A + D  维生素 A + D

## Pigments  色素

Astaxanthine  虾青素，虾黄质

## Micotoxines  霉菌毒素

Aflatoxines B1 - B2 - G1 - G2 黄曲霉毒素

Aflatoxines M1, M2  黄曲霉毒素

Aflatoxines + Ochratoxine

黄曲霉毒素 + 赭曲霉毒素

Ochratoxine A 黄曲霉毒素

Patuline 展青霉素

## Contaminants 杂菌

Pesticides : recherche de 20 Organochlorés 农药（查找 20 种有机氯农药）

Pesticides : screening 100 molécules 农药（筛选 100 种分子）

Radioactivité Gamma Césium 134 & 137 Iode 131 伽马放射性、铯 134&137 碘 131

Polychlorobiphényles (PCG) 多氯联苯 (PCG)

PCB (7 réglementaires) 多氯联苯（7 项规定的）

HAPs 多元芳香烃

Insecticide DDT et isomères

DDT 杀虫剂及其异构体

Perchloréthylène 全氯乙烯

<u>Mesures physiques</u> 物理测量

Poids net total 总净重

Poids net égoutté 沥水净重

Point cryoscopique 冰点

Volume net total 总净体积

Glazurage 凝结

Nombre d'unités 单位数

Mouillabilité à 20℃

20℃（表面）可湿润性

PH 酸碱

Répartition de l'eau 水分散性

Solubilité 溶解性

Densité à 20℃ 20℃时的密度

Extrait sec réfractométrique 提取物干法折射测定

Brix 垂度

Aw 水的活性

Vide 真空度

<u>Divers</u> 其他

Examen organoleptique 感官测定

Extrait sec 干式提取

Dithiocarbamates 二硫氨基甲酸盐（或酯）

Caféine 咖啡碱，咖啡因

Acide lactique 乳酸

Acidité lactique 乳酸酸度

Théobromine 可可碱


## Aliments pour animaux  饲料

Humidité 湿度，水分

Matières azotées (N x 6.38) 含氮的物质 (N x 6.38)

Matières grasses totales  总脂肪量

Cendres 灰（烬）

Cellulose 纤维素


## Analyses farine  面粉分析

Acidité grasse 脂肪酸性

Alvéogramme 泡孔数量

Granulométrie 50 à 400 microns

粒度测定术，50 到 400 微米

Temps de chute de Hadberg

Hadberg 衰减时间

第十七课 财务会计

# Finances et comptable

## 1. Bilan (Voir Tab.1 et Tab. 2)

Tab.1        BILAN ACTIF au 31 décembre 2005 (en Euros)

| ACTIF | au 31/12/2005 | | | au 31/12/2004 |
|---|---|---|---|---|
| Libellés | Brut | Amortts ou Provisions | Net | |
| **ACTIF IMMOBILISE** | | | | |
| **Autres immobilisations corporelles** | | | | |
| Matériel de bureau et informatique | 23 009,94 | 18 966,81 | 4 043,13 | 6 503,36 |
| Mobilier de bureau | 5 380,53 | 2 858,31 | 2 522,22 | 2 293,56 |
| **Autres immobilisations financières** | | | | |
| Société Le Monde diplomatique | 1 686 848,43 | | 1 686 848,43 | 1 686 848,43 |
| *TOTAL I* | *1 715 238,90* | *21 825,12* | *1 693 413,78* | *1 695 645,35* |
| **ACTIF CIRCULANT** | | | | |
| **Autres créances** | | | | |
| Ste *Le Monde diplomatique* | 3 902,76 | | 3 902,76 | 7 623,00 |
| Ticket restaurant | 152,00 | | 152,00 | 32,00 |
| Org. Soc.produits à recevoir | 750,00 | | 750,00 | 750,00 |
| divers | 1 607,00 | | 1 607,00 | |
| Valeurs mobilières placement | 189 493,51 | | 189 493,51 | 222 911,08 |

| Disponibilité | | | 21 150,38 | 43 703,18 |
|---|---|---|---|---|
| BICS | 6 906,45 | | | |
| CREDIT COOPERATIF | 1 204,40 | | | |
| BC GENEVE | 6 055,55 | | | |
| TRIODOS | 1 424,91 | | | |
| Caisse | 3 378,47 | | | |
| Avances PAYS SUD | 2 180,60 | | | |
| CGES CONSTATEES D'AVANCE | 625,00 | | 625,00 | 71,06 |
| **TOTAL II** | **217 680,65** | | **217 680,65** | **275 090,32** |
| **TOTAL GENERAL** | **1 932 919,55** | **21 825,12** | **1 911 094,43** | **1 970 735,67** |

Tab.2      BILAN PASSIF au 31 décembre 2005 (en Euros)

| PASSIF | au 31/12/2005 | au 31/12/2004 |
|---|---|---|
| **FONDS PROPRES** | | |
| Réserve statutaire ou contractuelle | 1 561 109,83 | 1 561 109,83 |
| Réserve spéciale | 103 309,97 | 56 114,87 |
| Report à nouveau | 239 189,89 | 217 482,16 |
| Perte de l'exercice | **<42 484,04>** | 68 902,83 |
| **TOTAL I** | **1 861 125,65** | **1 903 609,69** |
| **DETTES** | | |
| Dettes fournisseurs et comptes rattachés | 32 081,56 | 52 919,68 |
| Dettes sociales | 17 400,67 | 13 618,50 |
| Produits constatés d'avance | 70,00 | 146,00 |
| Ecart conversion passif | 416,55 | 441,80 |
| **TOTAL II** | **49 968,78** | **67 125,98** |
| **TOTAL GENERAL** | **1 911 094,43** | **1 970 735,67** |

简明工程技术法语

## 2. Compte de résultat (Voir Tab. 3)

Tab.3      COMPTE DE RESULTAT au 31 décembre 2005 (en Euros)

| COMPTE DE RESULTAT | | au 31/12/2005 | au 31/12/2004 |
|---|---|---|---|
| PRODUITS | | | |
| Cotisations | | 172 592,60 | 188 167,14 |
| Subventions | | 3 557,00 | |
| Transfert de charges | | 785,75 | 7 875,00 |
| autres produits | | 1 525,00 | 2 425,00 |
| **TOTAL I** | | **178 460,35** | **198 467,14** |
| *CHARGES D'EXPLOITATION* | | | |
| **Autres achats et charges externes** | | 154 003,34 | 189 379,83 |
| Fournitures administratives | 8 055,99 | | |
| Location de salle | 8 710,96 | | |
| Location matériel, photocopieur | 5 730,20 | | |
| Location immobilière | 14 950,00 | | |
| Maintenance | 1 895,14 | | |
| Assurance | 1 002,98 | | |
| Honoraires commissaire aux comptes | 9 700,00 | | |
| Imprimerie, annonces, pub ··· | 19 367,99 | | |
| Missions liées aux activités | 58 780,75 | | |
| Téléphone, Internet | 2 015,97 | | |
| Affranchissement | 21 101,52 | | |
| Frais bancaires | 2 691,84 | | |
| | | | |
| **Frais de personnel** | | 92 347,47 | 87 362,34 |
| Salaires et traitements | 61 067,08 | | |
| Charges sociales | 31 280,39 | | |
| Dotations aux amortissements | 4 089,33 | 4 089,33 | 3 476,39 |
| **TOTAL II** | **250 440,14** | **250 440,14** | **280 218,56** |
| Produits financiers | | 3 286,69 | 143 483,77 |
| Charges financières | 190,37 | | 141,17 |
| Produits exceptionnels | | 26 532,86 | 7 350,26 |
| Charges exceptionnelles | 133,43 | | 38,61 |
| TOTAL DES PRODUITS | | *208 279,90* | *349 301,17* |
| TOTAL DES CHARGES | | *250 763,94* | *280 398,34* |
| **RESULTAT** | | **<42 484,04>** | **68 902,83** |

## 3. Comptes 2005

Les activités de l'Association dépassent très largement leur évaluation monétaire telle qu'elle est retracée dans les comptes joints : les activités bénévoles et les prestations gratuites ne donnent pas lieu à facturation et parmi les très nombreuses opérations menées en partenariat, la prise en charge par des tiers n'est pas comptabilisée.

## 4. Compte de résultats

L'exercice 2005 se solde par un résultat négatif de 42 484,04€, traduisant un excédent de charges sur les produits. Les produits se sont élevés à 208 279,90€. Ils proviennent pour l'essentiel des cotisations des membres (172 592,60€ soit 83% des produits). Les produits 2005 sont en forte diminution (-8,3%) par rapport à l'année 2004 du fait de la non-distribution de dividendes alors qu'en 2004 les dividendes s'étaient élevés à 141 582,30€.

Les différents autres postes de produits correspondent à un reversement des jetons de présence par la présidente (1525€) ainsi qu'à diverses régularisations comptables (26 532,86€ de produits exceptionnels correspondant à des provisions pour affranchissement et loyer qui n'ont pas eu à être dépensées).

Les charges s'élèvent à 250 763,94 €. Elles se composent des dépenses liées aux activités 58 780,75 € (23,4% des charges, en diminution de 20,8% par rapport à 2004), de 92 347,47 de frais de personnel (36,8% des charges, en augmentation de 5,7% par rapport à 2004), des dépenses d'affranchissement pour 21 101,52 € (8,4% des dépenses, en diminution de 37,7% par rapport à 2004) et des dépenses d'imprimerie pour 19 367,99 € (7,7% des dépenses, en augmentation de 15,8% par rapport à 2004).

L'année 2005 a été caractérisée par une forte baisse de nos produits, partiellement compensée par une diminution des charges, consécutive à un programme d'économies mis en place en cours d'année et qui a aussi permis de limiter le résultat négatif de l'exercice.

François VITRANI

Trésorier

Les comptes définitifs 2005, certifiés par le Commissaire aux comptes, respectent les principes statutaires ainsi que les décisions des assemblées générales précédentes.

## Lexique

la présentation 记帐

le débit 借方

le crédit 货方

le solde 差额，余额

l'imputation f. 列入，记入

l'inventaire m. 盘点

la dépréciation 贬值

l'actif m. 资产

ajuster vt. 对账

l'exercice m. 会计年度

le bilan 资产负债表

le compte de résultat 损益表

reporter 把（帐目等）结转（下页）

le journal 日记账

le grand livre 总账

les avoirs m. 债权

patrimonial, e a. 资产的

l'amortts (amortissement) m. 待摊费用

la provision 准备金，保证金

l'immobilisation f. 不动产

l'immobilisations corporelle 有形资产

l'actif circulant m. 流动资产

la créance 债权；应收款

la valeur 证券，股票；票据

~s(mobilières) 有价证券

le placement 投资，投资的钱

la disponibilité 流动资金

la caisse 出纳处现金

l'avance f. 预付款，预支款

constater vt. 确认，出具证明

les charges constatées d'avance 已付货款

passif, ve a. 负债的

CGES (charges) 费用

le fonds propre 自有资金

la réserve 储备金，准备金

statutaire a. 法定的，公司章程规定的

le report 结转金额

la conversion 换算，兑换

le produit 收入

la cotisation 会费

la charge 支出，费用

le commissaire 审计员，查账员

~ aux comptes 稽核

l'affranchissement m. 邮资

le traitement 待遇

la dotation 捐赠

se solder 结算

le dividende 股息，红利

le poste （会计）科目

le reversement 结转，转入

l'audit m. 审计

## Notes

1. **财务与会计的区别：**财务（les finances）主要是指现金流的管理，而汉语中，在政府层面称之为"财政"。在企业中具体的执行部门主要有 la caisse（出纳），la trésorerie（金库）。会计（le comptable）是指账目的管理人员，负责企业各种账目的填制和计算。

2. **Le bilan 资产负债表：** est un document comptable qui est une synthèse du livre d'inventaire à un moment donné. Il fournit une « photographie » des avoirs et des dettes de l'entreprise à un moment bien précis et permet ainsi de connaître la valeur patrimoniale de l'entreprise. Il est dressé au moins une fois par an en fin de période comptable, qui correspond souvent à la fin de l'année civile.

3. **Le compte de résultat 损益表：** est un document comptable synthétisant l'ensemble des charges et des produits d'une entreprise ou autre organisme ayant une activité marchande, pour une période donnée, appelée exercice comptable. Ce document donne le résultat net, c'est à dire ce que l'entreprise a gagné (bénéfice) ou perdu (perte) au cours de la période, lequel s'inscrit au bilan.

4. **Les jetons de présence 车马费：**因公外出时的交通费。亦指以交通费名义发给的津贴。

5. **财务会计的一些基本概念：**
   - le débit 借方：借来的钱。如股东投资、银行贷款、未付款等。借贷在不同科目是可以转换的。
   - le crédit 贷方：借出的钱。如应收款、在建工程、汇兑损失。贷借在不同科目是可以转换的。
   - le solde 余额：借贷方的差额。
   - l'équilibre 对等：有贷必有借，借贷必相等的原则。
   - le report 结转：将上页或上年的余额计入下一页或下一年的行为。
   - imputer 记入：将某笔账登记到某个科目下的行为。
   - le poste 科目：一类支或收的名称。
   - l'amortissement 折旧：资产每年的消耗分摊额。
   - la dotation d'amortissement 折旧费用：进入成本的、用于折旧摊销的费用。

- l'écart conversion passif 汇兑损益：汇率变化所造成的账面资金的减少。
- l'écart conversion actif 汇兑增益：汇率变化所造成的账面资金的增加。
- le transfert de charges 转移支付：由第三方支付而增加的资产。

6. BICS：大众银行
7. CREDIT COOPERATIF：合作信贷银行
8. BC GENEVE：日内瓦中央银行
9. TRIODOS：荷兰 Triodos 银行

---

**Exercices**

**1. Traduire les mots et les expressions suivants en français.**

| | | |
|---|---|---|
| 利润 | 亏损 | 损益表 |
| 资产负债表 | 总账 | 日记账 |
| 应付款 | 应收款 | 盘点 |
| 流动资产 | 固定资产 | 汇兑损失 |
| 汇兑增益 | 财务费用 | 入账 |
| 借方 | 贷方 | 资产 |
| 会计年度 | 结转 | 折旧 |
| 准备金 | 有形资产 | 车马费 |
| 自有资金 | 股份 | 储备金 |
| 支出 | 办公用品 | 红利 |
| 审计员 | 科目 | 有价证券 |
| 董事会 | 调账 | |

**2. Traduire le texte suivant en chinois.**

### Le capital

Au premier janvier 2000, le capital transmis par l'ex-CORI s'élevait à 2 798 093,62 F. divisé en deux parties : 2 719 126,81 F. placés en SICAV à revenus trimestriels et en 78 966,81 placés sur deux comptes sur livret.

Au 31 décembre 2000, le capital s'élevait à 2 802 997,38 F. divisé lui aussi en deux parties : 2 710 296,50 F. en SICAV à revenus trimestriels et en 92 700,58 F. placés sur deux comptes sur livret. Comme déjà dit l'année dernière, ces comptes sur livret rapportent peu mais sont mobilisables à tout moment. Ils constituent donc le fonds de roulement du CFI et sont utilisés au cours du premier semestre de l'année, avant que les dotations et subventions n'arrivent, pour les avances de bourses et les acomptes versés pour les transports et les hôtels des boursiers francophones, voire pour des avances de réservation de salles au congrès. Ce fonds de roulement est reconstitué en fin d'année. Il est indispensable pour assurer la soudure entre nos différentes recettes.

## Lecture

### Balance

La balance comptable ou balance des comptes est un document comptable regroupant l'ensemble des comptes d'une entreprise.

### Présentation

Dans sa présentation courante, pour chacun des comptes (classés dans l'ordre du plan comptable), la balance fait apparaître :

- le numéro du compte
- l'intitulé du compte
- le total des débits
- le total des crédits
- le solde du compte, qui apparaît dans la colonne « Solde débiteur » ou « Solde créditeur » selon le cas.

Un solde est dit « débiteur » si le total des débits est supérieur au total des crédits, et « créditeur » dans le cas inverse.

### Équilibre

La balance doit être équilibrée, c'est-à-dire que le total des débits doit être égal au total des crédits (ou le total des soldes débiteurs doit égaler le total des soldes créditeurs). Cet équilibre permet de vérifier que les opérations ont été correctement enregistrées (en respectant le principe de la partie double).

Toutefois, une balance équilibrée ne constitue qu'une indication : les erreurs peuvent se compenser et la balance ne permet pas de détecter les erreurs d'imputation de compte (utilisation d'un compte inapproprié)

## La balance avant inventaire

La balance avant inventaire propose une vue synthétique des comptes de situation et de gestion avant les travaux d'inventaire. La constatation de la dépréciation de certains éléments d'actif, la mise à jour des stocks de la régularisation des comptes de gestion ont permis d'ajuster la comptabilité à la situation réelle de l'entreprise et d'en proposer une image fidèle. Dès lors, il convient de clôturer les comptes pour déterminer le résultat de l'exercice et présenter les documents de synthèse :

- bilan
- compte de résultat
- annexe légale
- Au début de l'exercice suivant, les soldes des comptes de bilan seront reportés lors de la réouverture du journal et du grand livre.

La balance après inventaire

Une nouvelle balance est établie par reproduction de la balance avant inventaire corrigée de l'ensemble des écritures d'inventaire. Elle présente l'état des comptes en fin d'exercice.

## La balance de clôture

Cette balance ne regroupe plus que les comptes de bilan, résultat net compris, puisque les comptes de gestion ont été soldés. Les comptes de bilan sont soldés à leur tour pour clôturer définitivement l'exercice tandis que le journal et le grand livre sont fermés après la dernière écriture.

## Son intérêt

La balance comptable permet d'établir, au final, le bilan, le compte de résultat et l'annexe légale. C'est en réalité la balance après inventaire qui permet l'établissement de ces documents comptables de synthèse.

第十八课 保险

# Assurance

---

**ASSURANCE DOMMAGES OUVRAGE**

Souscrite auprès de

Focus Insurance Company Limited

PO BOX 1338, 1st Floor, grand Ocean Plaza, Ocean Village, Gibraltar,

N° FCE Gibraltar : 96218

---

## A. DEFINITIONS

Assuré

Le souscripteur et les propriétaires successifs de l'ouvrage au bénéfice desquels est souscrit le contrat.

Contrôleur technique

La personne, désignée aux conditions particulières, agréées dans les conditions prévues par la loi n° 78-12 du 4 janvier 1978 et le décret n° 78-1146 du 7 décembre 1978, qui est amenée à intervenir, à la demande du maître de l'ouvrage, pour effectuer une mission de contribution à la prévention de certains aléas techniques susceptibles d'être rencontrés dans la réalisation des ouvrages.

## Travaux de construction

Les travaux dont l'objet est la réalisation, partielle ou totale, d'ouvrages à caractère immobilier au sens des articles 1792 et suivants du Code Civil à l'exclusion de ceux dont la liste figure dans l'article 243-1-1 du Code des Assurances.

## Dommages immatériels consécutifs

Tout préjudice pécuniaire résultant de la privation de jouissance d'un droit, de l'interruption d'un service rendu par un bien meuble ou immeuble ou de la perte de bénéfice qu'entraîne directement la survenance de dommages matériels garantis à l'exclusion de tout dommage corporel.

## Dommages matériels

Tout préjudice consécutif à l'atteinte subie par un bien meuble ou immeuble entraînant sa détérioration ou sa destruction.

## Frais de défense

Ceux liés à toute action en responsabilité – amiable ou non – dirigée contre l'assuré.

## Franchise

Toute somme que l'assuré supporte personnellement.

## Maître de l'ouvrage

La personne, physique ou morale, désignée aux conditions particulières, qui conclut avec les réalisateurs les contrats de louage d'ouvrage afférents à la conception et à l'exécution de l'opération de construction.

## Sinistre

La survenance de dommages de nature à mettre en œuvre la garantie de l'assureur.

**Souscripteur**

La personne physique ou morale désignée aux conditions particulières, qui contracte avec l'assureur tant pour son compte que celui du maître de l'ouvrage (si le souscripteur n'est pas le maître de l'ouvrage) et des propriétaires successifs, et éventuellement pour le compte des réalisateurs lui ayant donné mandat à cet effet, et qui s'engage au paiement de la prime.

## B. Extraits des Conditions Générales du Dommage Ouvrage

### Titre 1  ETENDUE TERRITOIRE

L'assurance s'applique aux dommages concernant des opérations de constructions situées sur la France métropolitaine.

### Titre 2  GARANTIE DE DOMMAGES OBLIGATOIRE

#### 2.1 Objet de la garantie

La garantie s'applique aux seuls travaux prévus dans le cadre de l'opération de construction expressément désignés aux conditions particulières, soumis à l'obligation d'assurance par la loi n° 78-12 du 4 janvier 1978.

#### 2.2 Nature de la garantie

Est garanti, en dehors de toute recherche de responsabilité, le paiement de la totalité des travaux de réparation des dommages à l'ouvrage réalisé ainsi qu'aux ouvrages existants, totalement incorporés dans l'ouvrage neuf et qui en deviennent techniquement indivisibles, au sens du II de l'article L243-1-1 du Code des assurances, même résultant d'un vice du sol, de la nature de ceux dont sont responsables les constructeurs, au sens de l'article 1792-1 du Code civil, les fabricants et personnes assimilées ainsi que le contrôleur technique, aux termes de l'article 1792 du Code Civil, c'est-à-dire les dommages qui :

- compromettent la solidité des ouvrages constitutifs de l'opération de construction,
- affectent lesdits ouvrages dans l'un de leurs éléments constitutifs ou l'un de leurs éléments d'équipement, les rendant ainsi impropres à leur

destination,

- affectent la solidité de l'un des éléments d'équipement\* indissociables des ouvrages de viabilité, de fondation, d'ossature, de clos ou de couvert, au sens de l'article 1792-2 du Code civil.

Les travaux de réparation des dommages comprennent également les travaux de démolition, déblaiement, dépose ou démontage, éventuellement nécessaires.

2.3 Point de départ et durée de la garantie

La période de garantie est précisée aux conditions particulières ; elle commence au plus tôt, sous réserve des dispositions ci-dessous, à l'expiration du délai de garantie de parfait achèvement définie à l'article 1792-6 du Code civil. Elle prend fin à l'expiration d'une période de dix ans à compter de la réception.

2.4 Montant et limite de la garantie

La garantie couvre le coût de l'ensemble des travaux afférents à la remise en état des ouvrages ou éléments d'équipement de l'opération de construction, objet de la garantie, endommagés à la suite d'un sinistre, ainsi que des ouvrages existants, totalement incorporés dans l'ouvrage neuf et qui en deviennent techniquement indivisibles, au sens du II de l'article L. 243-1-1 du code des assurances.

[2.5 Mise en œuvre du principe d'indemnisation]

2.6 Exclusions

Sont exclus de la garantie les dommages résultant exclusivement :

- du fait intentionnel ou du dol du souscripteur ou de l'assuré ;
- des effets de l'usure normale, du défaut d'entretien ou de l'usage anormal ;
- de la cause étrangère, et notamment : directement ou indirectement,

d'incendie ou d'explosion, sauf si l'incendie ou l'explosion sont la conséquence d'un sinistre couvert par le présent contrat ;

- de trombes, cyclones, inondations, tremblements de terre et autres phénomènes naturels à caractère catastrophique ;
- de fait de guerre étrangère ;
- de faits de guerre civile, d'actes de terrorisme ou de sabotage commis dans le cadre d'actions concertées de terrorisme ou de sabotage, d'émeutes, de mouvements populaires, de grève et de lock-out ayant le caractère de cause étrangère ;
- des effets directs ou indirects d'explosion, de dégagement de chaleur, d'irradiations provenant de transmutations de noyaux d'atome ou de radioactivité, ainsi que des effets des radiations provoquées par l'accélération artificielle de particules.

Il appartient à l'assuré de faire la preuve que le sinistre résulte d'un fait autre que le fait de guerre étrangère. Dans tous les autres cas, la charge de la preuve nécessaire à la mise en jeu des exclusions incombe à l'assureur. En conséquence, toutes les dispositions du présent contrat s'appliquent, jusqu'à ce que cette preuve soit apportée

## Lexique

le mandataire 代理人
le souscripteur 认购人
l'assureur *m.* 保险人（承保人）
l'assuré *m.* 被保险人
le code des assurances 保险法
le code civil 民法
la personne morale 法人
la personne physique *f.* 自然人
sans préjudice de 不影响
le sinistre （灾祸引起的）损失

constitutif, ve *a.* 构成的
la démolition 拆除
le déblaiement （场地等的）清理
le démontage 拆开
l'indemnisation *f.* 索赔
intentionnel, le *a.* 故意的
la trombe 龙卷风
le cyclone 飓风
la guerre civile 内战
la franchise 豁免

1. L'assurance dommages ouvrage **法国工程损失险**：工程损失险是法国于 1978 年 1 月 4 日颁布的第 78-12 法所确立的，是新开工工程必须投保的一个险种。该险种须由工程承包公司在工程开始之前购买。该险种的目的在于无需等待司法结果，直接赔付或修复属于十年保修期内出现的问题。提供该险种的保险公司应派人完成由专家鉴定所确定的必须要做的工程，而且专家鉴定只进行一次。然后，保险公司再负责向问题的责任者索赔。

   工程损失险的开始时间为工程验收后的第一年结束时，这时接手进行保险的工程为扫尾工作业已全面结束的工程；保险的结束时间为十年保修期结束之时。该险具有强制的性质，如不购买将被处罚，除非是自然人为自己、配偶或为自己的和配偶的老人、子女修房子，但在十年保险期内转售房子时可能会有困难。

2. 法国的保险法、对于从事保险销售的人员的资格条件及行为规范等都有明文的规定。法国的人寿保险主要是通过保险代理人和保险经纪人，同时也招揽业务员从事柜台销售。法国的财产保险主要是通过总代理人、经纪人以及招揽业务员等。总代理人通常都是由其所属的保险公司赋于一定地区的推销独立权，负责内容比较单纯的保险商品。至于保险经纪人，则以企财险为中心，负责较复杂的保险商品。在法国，只有总代理人依照法国国保险法的规定，应专属单一保险公司。

3. 保险合同往往是格式化合同，一般由三个部分构成——释义（la définition）、一般条款（les conditions générales）和特别条款（les conditions particulières）。

**Exercices**

## 1. Traduire les mots et les expressions suivants en français.

| | | |
|---|---|---|
| 保险公司 | 代理人 | 投保人 |
| 承保人 | 满期 | 取消合同 |
| 自然人 | 法人 | 豁免 |
| 刑法 | 民法 | （灾祸引起的）损失 |
| 国际战争 | 内战 | 保险金 |
| 人寿险 | 财险 | 意外险 |
| 基本医疗保险 | 补充医疗保险 | |
| 死亡险 | 三者险 | |

## 2. Traduire le texte suivant en chinois.

### L'assurance incendie de la maison : garanties et responsabilités

Qu'on soit locataire ou propriétaire, l'assurance incendie est indispensable en cas d'incendie ou d'explosion dans une habitation pour garantir ses biens propres mais aussi ceux d'un propriétaire, d'un voisin ou de toute autre personne qui aurait subi d'importants dommages.

La garantie incendie est incluse dans les contrats d'assurance multirisques habitation. Elle couvre les garanties légales telles que :

- Les dommages liés à l'incendie,
- Les dommages causés par une explosion et/ou implosion,
- Les dégâts liés à la foudre,
- Les dégâts occasionnés lorsqu'on éteint un feu,
- Les dépenses engendrées par les secours et les premiers sauvetages.

La garantie incendie entre en jeu dès qu'il y a présence d'une flamme ou début de foyer, d'embrasement pouvant dégénérer en incendie. Certaines assurances prennent en charge les accidents d'ordre électrique, les brûlures et les dommages causés par la fumée, par une surchauffe (cigarette, fer à repasser...) sans qu'il y ait nécessairement survenue d'un incendie au titre de la garantie Incendie ou dans le cadre de la garantie « risques ménagers ».

## 1. Information de l'assureur

L'assuré doit déclarer le sinistre dans les dix jours ouvrés à partir du moment où il en a eu connaissance par écrit soit contre récépissé, soit par lettre recommandée avec accusé de réception, à l'adresse figurant sur les conditions particulières, ou à défaut au siège social de l'assureur.

Si l'assuré ne respecte pas le délai de déclaration de sinistre, il est déchu de son droit à indemnité lorsque l'assureur établit que ce retard lui a causé un préjudice.

Si l'assuré fait de fausses déclarations relatives à la date, la nature, les causes, les circonstances ou les conséquences apparentes du sinistre ou s'il emploie sciemment comme justification des moyens frauduleux ou des documents mensongers, il est entièrement déchu de son droit à garantie.

Pour faciliter le traitement de la déclaration, un formulaire sera mis à disposition de l'assuré qui devra en faire la demande préalablement auprès du représentant de l'assureur.

La déclaration de sinistre est réputée constituée dès qu'elle comporte au moins les renseignements suivants :

- le numéro du contrat d'assurance et, le cas échéant, celui de l'avenant,
- le nom du propriétaire de la construction endommagée,
- l'adresse de la construction endommagée,
- la date de réception* ou, à défaut, la date de la première occupation des locaux,
- la date d'apparition des dommages ainsi que leur description et localisation.

A compter de la réception de la déclaration de sinistre, l'assureur dispose d'un délai de dix jours pour signifier à l'assuré que la déclaration n'est pas réputée constituée et lui réclamer les renseignements manquants susvisés.

Les délais indiqués au titre 4.4 des présentes conditions générales commencent à courir du jour où la déclaration de sinistre réputée constituée est reçue par l'assureur.

## 2. Contribution de l'assuré à la solution du sinistre

Pour permettre l'exercice éventuel du droit de subrogation ouvert au profit de l'assureur par l'article L121-12 du Code des assurances, l'assuré s'engage :

- à accorder à l'assureur en cas de sinistre mettant en jeu la garantie, toutes facilités pour accéder aux lieux du sinistre ;
- à autoriser les assureurs couvrant la responsabilité des constructeurs, des fabricants (au sens des articles 1792 et suivants du Code civil) et du contrôleur technique, à accéder aux lieux du sinistre sur l'invitation qui leur en est faite par l'expert désigné dans le cadre de la procédure décrite au titre 4.3 des présentes conditions générales;
- à autoriser ledit expert à pratiquer les investigations qui lui apparaîtraient nécessaires en vue de l'établissement, à l'intention de l'assureur, d'un rapport complémentaire qui, reprenant les conclusions du rapport d'expertise défini au titre 4.3 des présentes conditions générales, en approfondit, si nécessaire, l'analyse, en vue notamment de la recherche des faits générateurs du sinistre et des éléments propres à étayer le recours de l'assureur.

## 第十九课 招标(一): 投标人须知
# Appel d'offre ( I )
# — instructions aux
# soumissionnaires

## Préparation des offres

### 1. Frais de soumission

Le soumissionnaire supportera tous les frais afférents à la préparation et à la présentation de son offre, et le Maître de l'Ouvrage n'est en aucun cas responsable de ces frais ni tenu de les régler, quels que soient le déroulement et l'issue de la procédure d'appel d'offres.

### 2. Langue de l'offre

L'offre, ainsi que toute la correspondance et tous les documents concernant la soumission, échangés entre le Soumissionnaire et le Maître de l'Ouvrage seront rédigés dans la langue indiquée dans les DPAO. Les documents complémentaires et les imprimés fournis par le Soumissionnaire dans le cadre de la soumission peuvent être rédigés dans une autre langue à condition d'être accompagnés d'une traduction dans la langue indiquée dans les DPAO, auquel cas, aux fins d'interprétation de l'offre, la traduction fera foi.

### 3. Documents constitutifs de l'offre

L'offre comprendra les documents suivants :

- la lettre d'Offre ;
- le Bordereau des prix unitaires et le Détail quantitatif et estimatif, établis en utilisant les formulaires de la Section IV, Formulaires de soumission, dûment remplis ;
- la Garantie de soumission ou la Déclaration de garantie de l'offre, établie conformément aux dispositions de l'article 19 des IS ;
- des variantes à l'initiative du Soumissionnaire, si leur présentation est permise, conformément aux dispositions de l'article 13 des IS ;
- la confirmation écrite de l'habilitation du signataire de l'offre à engager le Soumissionnaire, conformément aux dispositions de l'article 20.2 des IS ;
- des pièces attestant, conformément aux dispositions de l'article 17.1 des IS, que les biens et services connexes devant être fournis par le Soumissionnaire sont éligibles ;
- des pièces établies selon les formulaires adéquats de la Section IV, Formulaires de soumission, attestant que le Soumissionnaire possède les qualifications voulues en conformité avec les exigences de la Section III, Critères d'évaluation et de qualification;
- des pièces comme indiqué dans les DPAO, établies selon les formulaires adéquats de la Section IV, Formulaires de soumission, attestant que la Proposition technique établie par le Soumissionnaire est conforme au Dossier d'appel d'offres ;
- dans le cas d'une offre présentée par un GECA, l'offre doit inclure soit une copie de l'accord de GECA, ou une lettre d'intention de constituer le GECA accompagnée du projet d'accord, signée par tous les membres, identifiant les parties devant être respectivement réalisées par chacun des membres ;
- tout autre document stipulé dans les DPAO.

## 4. Formulaire d'Offre, Bordereau des prix

Le Soumissionnaire soumettra son offre en remplissant le formulaire d'Offre fourni à la Section IV, Formulaires de soumission, sans apporter de modification à sa présentation, et aucun autre format ne sera accepté. Toutes les rubriques doivent être remplies de manière à fournir les renseignements demandés.

## 5. Variantes

5.1 Sauf indication contraire dans les DPAO, les variantes ne seront pas prises en compte. Lorsque des offres variantes sont permises, la méthode utilisée pour leur évaluation sera indiquée dans la Section III, Critères d'évaluation et de qualification.

5.2 Lorsque des délais d'exécution variables sont permis, les DPAO préciseront ces délais, et indiqueront la méthode retenue pour l'évaluation de différents délais d'exécution proposés par les Soumissionnaires.

5.3 Excepté dans le cas mentionné à l'article 13.4 ci-dessous, les soumissionnaires souhaitant offrir des variantes techniques de moindre coût doivent d'abord chiffrer la solution de base de l'Maître de l'Ouvrage telle que décrite dans le Dossier d'Appel d'offres, et fournir en outre tous les renseignements dont le Maître de l'Ouvrage a besoin pour procéder à l'évaluation complète de la variante proposée, y compris les plans, notes de calcul, spécifications techniques, sous détails de prix et méthodes de construction proposées, et tous autres détails utiles. Le cas échéant, seules les variantes techniques du Soumissionnaire ayant offert l'offre conforme à la solution de base évaluée la moins-disante seront examinées par le Maître de l'Ouvrage.

5.4 Quand les soumissionnaires sont autorisés dans les DPAO, à soumettre directement des variantes techniques pour certaines parties des travaux, ces parties doivent être identifiées dans les DPAO, ainsi que la méthode d'évaluation correspondante, et décrites dans les Spécifications techniques de la Section VI.

## Lexique

l'offre *m.* 投标书，报价

le soumissionnaire 投标人

le maître de l'ouvrage 建设方

l'issue *f.* 结果

aux fins de = pour les besoins de 为了

le formulaire d'offre 投标文件格式

le bordereau des prix unitaires 价项说明

la Section IV 第四节

le détail quantitatif et estimatif 工程量清单

la garantie de soumission 投标保证金

la déclaration de garantie 投标担保声明

la disposition 规定

la variante 更改项

la confirmation 确认书

l'habilitation *m.* 授予权利

engager *vt.* 代表（投标人）签字

éligible *a.* 可被选中的

la Proposition technique 技术方案

l'accord *m.* 协定

la présentation 递交

adéquat, e *a.* 满足要求的

la qualification 资质

l'évaluation *f.* 评标

la lettre d'intention 意向书

le plan 图纸

la note de calcul 工程量计算书

la spécification technique 技术规范

## Notes

1.  文中出现的首字母大写的专有名词在本文节选的文件中表示某特定事物。

2.  **招投标的基本流程：**

    (1) 发出招标书：lancer l'appel d'offre

    (2) 审查投标人资格：sélectionner les candidatures

    (3) 收取标书：recevoir les soumissions

    (4) 评标：évaluer les offres

    (5) 开标：notifier le marché

    (6) 授予合同：attribuer le marché

    (7) 签订合同：signer le contrat

3.  **招标的三种基本形式：**公开招标、议标和小范围限制招标是招投标最基本的三种形式：

    公开招标（Procédure）：所有承包商、供应商或是提供服务的单位都能报价（在

政府采购）的合同签订程序。

议标（Procédure négociée sans publicité）：由政府招标部分，公共企业或私人招标单位向它们所选择的承包商、供应商或是提供服务的单位询价，并与其中一家或几家单位商议合同条款的合同签订程序。

小范围限制招标（Procédure restreinte）：所有的承包商、供应商或是提供服务的单位都可以申请投标，但仅有那些被政府招标部分、公共企业或私人招标单位选中的竞标人可以提供报价的合同签订程序。

4. **Instructions aux Soumissionnaires (IS) 投标人须知**：招标文件（Appel d'Offre）的一部分，由招标机构编制，是招标的一项重要内容。着重说明本次招标的基本程序。其基本内容包括总则说明、文件说明、投标书的编写、投标书的递交、开标和评标、授予合同。

5. **Le Maître de l'Ouvrage 建设方：** 出资建设的单位，也是已建成工程的业主。

   Le Maître d'œuvre 业主代表：又称设计监理。是指由建设方委派的自然人或法人，负责对监理的工作和工程施工进行管理。

   La propriétaire 业主：完工工程的拥有者。

   Le Promoteur 开发商：出资建设、建好后用于出售的建设方。

   Le copropriétaire 业主：有多个业主的房产的主人之一。

   L'entrepreneur 承包方：接受定单、合同实施工程的单位。

   Le constructeur 建筑方：实施工程的单位，如是承包合同，也是承包单位。

   Le contrôleur 监理单位：由建设方聘请监督工程质量的单位。

   Le géotechniciens 地勘单位：负责工程设计前对地质情况进行勘探的单位。

6. **Les Données Particulières de l'Appel d'Offres (DPAO) 投标资料表**：该文件由发标人（通常与建设方是同一单位）编写，是对《投标人须知》的修正和补充，目的是为投标人提供具体资料、数据、要求和规定。其内容如与《投标人须知》冲突，则以投标资料表为准。

7. **Un groupement, consortium ou association (GECA) 联营体**：即"联合投标人"，指多个自然人或公司联合对单个项目进行投标。

8. **Le moins-disant (la moins-disante** *f.* **)**：最低报价的承包商。

9. **La note de calcul 工程量计算书：** Document regroupant les calculs nécessaires au dimensionnement des ouvrages.

## 1. Traduire les mots et les expressions suivants en français.

| | | |
|---|---|---|
| 投标专用资料表 | 投标人 | 建设方 |
| 投标人须知 | 投标书 | 招标文件 |
| 工程量清单 | 议标 | 联营体 |
| 投标人资质 | 评标和资格标准 | |
| 编制标书 | 递交标书 | 价项说明 |
| 公开招标 | 限制招标 | 评标 |
| 开标 | 工程设计方 | 开发商 |
| 建筑方 | 承包方 | |
| 监理单位 | 地勘单位 | |

## 2. Traduire le texte suivant en chinois.

Le Soumissionnaire préparera un original des documents constitutifs de l'offre tels que décrits à l'article 11 des IS, en indiquant clairement la mention « ORIGINAL ». Par ailleurs, il soumettra le nombre de copies de l'offre indiqué dans les DPAO, en mentionnant clairement sur ces exemplaires « COPIE ». En cas de différences entre les copies et l'original, l'original fera foi.

L'original et toutes copies de l'offre seront dactylographiés ou écrits à l'encre indélébile ; ils seront signés par une personne dûment habilitée à signer au nom du Soumissionnaire. Cette habilitation consistera en une confirmation écrite comme spécifié dans les DPAO, qui sera jointe à la soumission. Le nom et le titre de chaque personne signataire de l'habilitation devront être dactylographiés ou mentionnés sous la signature. Toutes les pages de l'offre sur lesquelles des renseignements ont été mentionnés par le Soumissionnaire, seront paraphées par la personne signataire de l'offre.

# Remise, cachetage et marquage des offres

1. Les offres peuvent toujours être remises par courrier ou déposées en personne. Quand les DPAO le prévoient, le Soumissionnaire pourra, à son choix, remettre son offre par voie électronique. La procédure pour la remise, le cachetage et le marquage des offres est comme suit :

   - Le Soumissionnaire remettant son offre par courrier ou la déposant en personne, placera l'original de son offre et chacune de ses copies, dans des enveloppes séparées et cachetées. Si des variantes sont autorisées en application de l'article 13 des IS, les offres variantes et les copies correspondantes seront également placées dans des enveloppes séparées. Les enveloppes devront porter la mention « ORIGINAL », « VARIANTE », « COPIE DE L'OFFRE », ou « COPIE DE L'OFFRE VARIANTE ». Toutes ces enveloppes seront elles-mêmes placées dans une même enveloppe extérieure cachetée. La suite de la procédure sera en conformité avec les articles 21.2 et 21.3 des IS ;

   - Un Soumissionnaire qui remet son offre par voie électronique devra suivre la procédure de remise indiquée dans les DPAO.

2. Les enveloppes intérieure et extérieure doivent :

   - porter le nom et l'adresse du Soumissionnaire ;
   - être adressées au Maître de l'Ouvrage en application de l'article 22.1 des IS ;
   - mentionner l'identification de l'appel d'offres en application de l'article 1.1 des IS ;
   - porter un avertissement signalant de ne pas ouvrir avant la date et l'heure fixées pour l'ouverture des offres.

3. Si les enveloppes et colis ne sont pas cachetés et marqués comme stipulé, le Maître de l'Ouvrage ne sera nullement responsable si l'offre est égarée ou ouverte prématurément.

# Appel d'offre ( II )
## — cahier des clauses administratives générales

## Extrait de la « Généralité »

### 1. Champ d'application

Les présentes Clauses administratives générales s'appliquent à tous les marchés de travaux qui sont en tout ou en partie financés par une institution financière, désignée dans le Cahier des Clauses Administratives Particulières (CCAP), du Groupe de la Banque Africaine de Développement dénommée ci-après et dans tout le document « la Banque » et à tout autre marché qui y fait expressément référence. Elles remplacent et annulent les Cahiers des Clauses administratives générales applicables, le cas échéant, en vertu de la réglementation en vigueur.

Il ne peut y être dérogé qu'à la condition que les articles, paragraphes et alinéas auxquels il est dérogé soient expressément indiqués ou récapitulés dans le Cahier des Clauses Administratives Particulières.

### 2. Définitions

Au sens du présent document :

« Marché » désigne l'ensemble des droits et obligations souscrits par les parties au titre de la réalisation des travaux. Les documents et pièces contractuelles sont énumérés à l'Article 4.2.du CCAG.

« Montant du Marché » désigne la somme des prix de base définis au paragraphe 13.1.1 du CCAG.

« Le Maître de l'Ouvrage » désigne la division administrative, l'entité ou la personne morale pour le compte de laquelle les travaux sont exécutés et dont l'identification complète figure au Cahier des Clauses administratives particulières.

« Chef de Projet » désigne le représentant légal du Maître de l'Ouvrage au cours de l'exécution du Marché ;

« Maître d'Œuvre » désigne la personne physique ou morale qui, pour sa compétence technique, est chargée par le Maître de l'Ouvrage de diriger et de contrôler l'exécution des travaux et de proposer leur réception et leur règlement ; si le Maître d'Œuvre est une personne morale, il désigne également la personne physique qui a seule qualité pour le représenter, notamment pour signer les ordres de service.

« L'Entrepreneur » désigne la personne morale dont l'offre a été acceptée par le Maître de l'Ouvrage.

« Site » désigne l'ensemble des terrains sur lesquels seront réalisés les travaux et les ouvrages ainsi que l'ensemble des terrains nécessaires aux installations de chantier et comprenant les voies d'accès spéciales ainsi que tous autres lieux spécifiquement désignés dans le Marché.

« Cahier des Clauses Administratives Particulières » (CCAP) signifie le document établi par le Maître de l'Ouvrage faisant partie du dossier d'Appel d'offres, modifié en tant que de besoin et inclus dans les pièces constitutives du Marché ; il est référé ci-après sous le nom de CCAP et comprend :

- les modifications au présent Cahier des Clauses Administratives Générales (CCAG) ;
- les dispositions contractuelles spécifiques à chaque Marché.

« Ordre de service » signifie toute instruction écrite donnée par le Maître d'Œuvre à l'Entrepreneur concernant l'exécution du Marché.

« Sous-traitant » désigne la ou les personnes morales chargées par l'Entrepreneur de réaliser une partie des travaux.

## 3. Intervenants au Marché

### 3.1 Désignation des Intervenants

3.1.1 Le CCAP désigne le Maître de l'Ouvrage, le Chef de Projet et le Maître d'Œuvre.

3.1.2 La soumission de l'Entrepreneur comprend toutes indications nécessaires ou utiles à l'identification de l'Entrepreneur et de son ou ses représentants légaux.

### 3.2 Entrepreneurs groupés

### 3.3 Cession, sous-traitance

3.3.1 Sauf accord préalable du Maître de l'Ouvrage, l'Entrepreneur ne peut en aucun cas céder ou déléguer tout ou partie du Marché, à l'exception d'une cession aux assureurs de l'Entrepreneur (dans le cas où les assureurs ont dégagé l'Entrepreneur de toute perte en responsabilité) de son droit à obtenir réparation de la part d'une partie responsable.

3.3.2 L'Entrepreneur ne peut sous-traiter l'intégralité de son Marché. Il peut, toutefois, sous-traiter l'exécution de certaines parties de son Marché à la condition d'avoir obtenu l'accord préalable du Maître de l'Ouvrage et, lorsque la sous-traitance projetée est supérieure à dix (10) pour cent du Montant du Marché, des autorités dont l'approbation est nécessaire à l'entrée en vigueur du Marché. Dans tous les cas, l'Entrepreneur reste pleinement responsable des actes, défaillances et négligences des sous-traitants, de leurs représentants, employés ou ouvriers aussi pleinement que s'il s'agissait de ses propres actes, défaillances ou négligences ou de ceux de ses propres représentants, employés ou ouvriers.

3.3.3 Les sous-traitants ne peuvent être acceptés que s'ils ont justifié avoir contracté les assurances garantissant pleinement leur responsabilité conformément à l'Article 6 du CCAG.

3.3.4 Dès que l'acceptation et l'agrément ont été obtenus, l'Entrepreneur fait connaître au Chef de Projet le nom de la personne physique qualifiée pour représenter le sous-traitant et le domicile élu par ce dernier à proximité des travaux.

3.3.5 Le recours à la soustraitance sans acceptation préalable du sous-traitant par le Maître de l'Ouvrage expose l'Entrepreneur à l'application des mesures prévues à l'Article 49 du CCAG.

### 3.4 Représentant de l'Entrepreneur

Dès l'entrée en vigueur du Marché, l'Entrepreneur désigne une personne physique qui le représente vis-à-vis du Chef de Projet et du Maître de l'Ouvrage pour tout ce qui concerne l'exécution du Marché ; cette personne, chargée de la conduite des travaux, doit disposer de pouvoirs suffisants pour prendre sans délai les décisions nécessaires. A défaut d'une telle désignation, l'Entrepreneur, ou son représentant légal, est réputé personnellement chargé de la conduite des travaux.

### 3.5 Domicile de l'Entrepreneur

### 3.6 Modification de l'entreprise

L'Entrepreneur est tenu de notifier immédiatement au Chef de Projet les modifications à son entreprise survenant au cours de l'exécution du Marché, qui se rapportent :

- aux personnes ayant le pouvoir d'engager l'entreprise ;
- à la forme de l'entreprise ;
- à la raison sociale de l'entreprise ou à sa dénomination ;
- à l'adresse du siège de l'entreprise ;
- au capital social de l'entreprise ;

et, généralement, toutes les modifications importantes relatives au fonctionnement de l'entreprise.

---

## Lexique

la généralité  总则
expressément  *adv.* 明文规定地
en vertu de  根据
l'alinéa  *m.* 行，节
la récapitulé  重点阐述
au sens de  按⋯⋯所规定
le droit  权利
l'obligations  *f.* 义务
au titre de  为了
l'entité  *m.* 实体（企业）
la personne morale  *m.* 法人

pour le compte de  为⋯⋯的利益
le chef de projet  （建设方）项目负责人
la qualité  资格
l'entrepreneur  *m.* 承包企业
le site  （工地）现场
sous-traiter  *vt.* 分包
l'intervenant  *m.* 参与方
la cession  转让
dégager  *vt.* 免除
le marché (public)  （政府采购）合同
la défaillance  违约

la négligence 疏忽

qualifié, e *a.* 有法定资格的

exposer *v.t.* 使承受

la forme de l'entreprise 企业性质

la raison sociale 企业名称

la dénomination 简称

le siège de l'entreprise 企业总部

le capital social 注册资本

la garantie bancaire 银行保函

---

**Notes**

1. Le cahier des clauses：（合同）条款，也称招标细则。

2. CCGP – le Cahier des Clauses Administratives Générales （合同）一般行政条款：En France, et en droit des marchés publics, le cahier des clauses administratives générales (CCAG) est un document qui fixe lvensemble des aspects contractuels d'un marché (conditions d'exécution des prestations, de règlement, de vérification des prestations, de présentation des sous-traitants, délais, pénalités, conditions générales...).

3. CCAP – le Cahier des Clauses Administratives Particulières （合同）特别行政条款：Il est un document contractuel rédigé par l'acheteur dans le cadre notamment d'un marché public, dont il fait partie des pièces constitutives. Il précise les dispositions administratives propres au marché (conditions d'exécution des prestations, de règlement, de vérification des prestations, de présentation des sous-traitants, etc.), particulières au cahier des clauses administratives générales (sur lequel il prône à la seule condition que le dernier article du CCAP fasse la liste des articles dérogatoires au CCAG). Il est à signer par la personne publique et le prestataire.

4. Le maître d'œuvre 业主代表：又称设计监理，是指由建设方委派的自然人或法人，负责对监理的工作和工程施工进行管理。另外还有两个容易混淆的岗位：咨询工程师（Ingénieur-conseiller）和国家公共工程监理（Contrôleur des travaux publics de l'État）其中，咨询工程师只为其委托人提供工程项目研究、设计和管理等服务；国家公共工程监理则代表国家，在道路、水利、港口等基础设施建设领域对工程进行监管。

5. La Banque Africaine de Développement (désignée par l'acronyme BAD) 非洲发展银行：est une institution financière multinationale de développement,

établie dans le but de contribuer au développement et au progrès social des États africains. La BAD est un fournisseur financier pour bon nombre de pays africains et d'entreprises privés investissant au sein des pays membres de la région.

6. **Différence entre les marchés et les contrats privés 法国政府采购合同与民事合同的区别：**政府采购合同的主体、资金来源、合同的订立程序有别于一般的民事合同，政府采购法在合同的订立、合同的履行、合同的管理作出不同于合同法的规定。所以政府采购合同是特殊的民事合同，政府采购法对合同的订立时间、合同的备案、分包合同、合同的变更、中止或者终止都作了明确的规定。

7. **L'entité 实体（企业）：**相对于虚拟企业（定义为没有依《公司法》设立并登记，不合规但实际有运营的企业）的其他企业。

   **La personne morale 法人：**具有民事权利能力和民事行为能力，依法独立享有民事权利和承担民事义务的组织。

---

**Exercices**

**1. Traduire les mots et les expressions suivants en français.**

| | | |
|---|---|---|
| 履行合同 | 特别行政条款 | 一般行政条款 |
| 注册资本 | 建设方 | 监理 |
| 权利 | 施工单位（建筑商） | 工作指令 |
| 分包商 | 合同金额 | 承包商 |
| 工程验收 | 义务 | （建设方）项目负责人 |
| 非洲发展银行 | 建设方 | 开发商 |
| 银行保函 | 银行保函 | |

**2. Traduire le texte suivant en chinois.**

L'Entrepreneur est tenu de fournir au Maître de l'Ouvrage une garantie bancaire de bonne exécution, conforme au modèle inclus dans le Dossier d'Appel d'offres. Cette garantie sera transformée en garantie de parfait achèvement pour la durée du délai de garantie.

Sauf disposition contraire du CCAP, la garantie est libellée dans la ou les monnaies dans lesquelles le Marché doit être payé et selon leurs proportions respectives.

En cas de prélèvement sur la garantie, pour quelque motif que ce soit, l'Entrepreneur doit aussitôt la reconstituer.

Le montant de la garantie de bonne exécution sera égal à un pourcentage du montant du Marché indiqué dans le CCAP mais qui ne pourra être inférieur à cinq (5) pour cent du Montant du Marché. Elle entrera en vigueur lors de l'entrée en vigueur du Marché.

Le montant de la garantie de bonne exécution sera réduit de moitié lors de la réception provisoire et deviendra la garantie de parfait achèvement. La garantie de parfait achèvement sera caduque de plein droit à la date de la réception définitive sauf dans le cas prévu à l'Article 42.2 du CCAG.

**Lecture**

## Installation des chantiers de l'entreprise

1. L'Entrepreneur se procure, à ses frais et risques, les terrains dont il peut avoir besoin pour l'installation de ses chantiers dans la mesure où ceux que le Maître de l'Ouvrage a mis à sa disposition et compris dans le Site ne sont pas suffisants.

2. Sauf dispositions contraires du Marché, l'Entrepreneur supporte toutes les charges relatives à l'établissement et à l'entretien des installations de chantier, y compris les chemins de service et les voies de desserte du chantier qui ne sont pas ouverts à la circulation publique.

3. Si les chantiers ne sont d'un accès facile que par voie d'eau, notamment lorsqu'il s'agit de travaux de dragage, d'endiguement ou de pose de blocs, l'Entrepreneur doit, sauf dispositions contraires du Marché, mettre gratuitement une embarcation armée à la disposition du Maître d'œuvre et de ses agents, chaque fois que celui-ci le lui demande.

4. L'Entrepreneur doit faire apposer dans les chantiers et ateliers une affiche indiquant le Maître de l'Ouvrage pour le compte duquel les travaux sont exécutés, le nom, qualité et adresse du Maître d'œuvre, ainsi que les autres renseignements requis par la législation du travail du pays du Maître de l'Ouvrage.

5. Tout équipement de l'Entrepreneur et ses sous-traitants, tous ouvrages provisoires et matériaux fournis par l'Entrepreneur et ses sous-traitants sont réputés, une fois qu'ils sont sur le Site, être exclusivement destinés à l'exécution des travaux et l'Entrepreneur ne doit pas les enlever en tout ou en partie, sauf dans le but de les déplacer d'une partie du Site vers une autre, sans l'accord du Chef de Projet. Il est entendu que cet accord n'est pas nécessaire pour les véhicules destinés à transporter le personnel, la main-d'œuvre et l'équipement, les fournitures, le matériel ou les matériaux de l'Entrepreneur vers ou en provenance du Site.

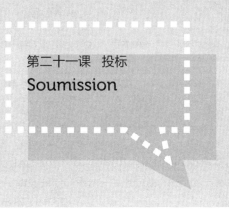

第二十一课 投标

# Soumission

## Formulaire de Soumission

### 1. Matériel

Le Soumissionnaire doit établir qu'il a les matériels suivants :

| No | Type et caractéristiques du matériel | Nombre minimum requis |
|----|--------------------------------------|-----------------------|
| 1 | Bulldozer Type D8 | 3 |
| 2 | Bulldozer Type D6 | 2 |
| 3 | Chargeur Pneu Type CAT 988 – CAT 950 | 3 |
| 4 | Finisseurs Type CAT 140 H | 4 |
| 5 | Camion Benne Type E 4X6 20T | 30 |
| 6 | Camion Tanker Type 3 E 6x6  20 m3 | 3 |
| 7 | Grue mobile Type PPM A 600 | 2 |
| 8 | Concasseur de capacité : 120 +/- 20 t/h | 1 |
| 9 | Central d'enrobage de capacité : 120 +/-20t/h | 1 |
| 10 | Compacteur Pneu Type CAT PS 500 8T | 2 |
| 11 | Compacteur Vibreur Type CAT CS 563/CA 8T | 2 |
| 12 | Centrale à béton 5 m3 | 1 |
| 13 | Camion remorque 30 T | 2 |
| 14 | Excavateur à chenille Type CAT 330 | 2 |
| 15 | Niveleuse | 2 |

Le Soumissionnaire doit fournir les détails concernant le matériel proposé en utilisant le formulaire MAT des Formulaires de soumission.

## Formulaire MAT

Le Soumissionnaire doit fournir les détails concernant le matériel proposé afin d'établir qu'il a la possibilité de mobiliser le matériel clé dont la liste figure à la Section III, Critères d'évaluation et de qualification. Un formulaire distinct sera préparé pour chaque pièce de matériel figurant sur la liste, ou pour du matériel de remplacement proposé par le Soumissionnaire. Le Soumissionnaire fournira tous les renseignements demandés ci-dessous, dans la mesure du possible. Les entrées comportant un astérisque (*) seront utilisés pour l'évaluation.

| Type de matériel* : | | |
|---|---|---|
| renseignement sur le matétiel | Nom du fabricant | Modèle et puissance |
| | Capacité* | Année de fabrication* |
| Position courante | Localisation présente | |
| | Détails sur les engagements courants | |
| Provenance | Indiquer la provenance du matériel<br>☐ en possession   ☐ en location<br>☐ en location-vente ☐ fabriqué spécialement | |

### 2. Personnel proposé

Le Soumissionnaire doit établir qu'il dispose du personnel pour les positions-clés suivantes:

| No | Position | Expérience globale en travaux (années) [au moins] | Expérience dans des travaux similaires (années)* |
|---|---|---|---|
| 1 | Directeur du projet<br>Ingénieur des travaux publics ou en génie civil (Bac+5) | Quinze (15) | Dix (10) |
| 2 | Directeur des travaux**<br>Ingénieur des travaux publics ou en génie civil (Bac+5) | Douze (12) | Six (6)<br>et au moins trois chantiers similaires |

| | | | |
|---|---|---|---|
| 3 | Ingénieur Assurance Qualité<br>Ingénieur des travaux publics ou<br>en génie civil (Bac+5) | Dix (10) | Cinq (5)<br>et au moins trois<br>chantiers similaires |
| 4 | Conducteur des travaux routier<br>Ingénieur BTP ou Technicien<br>Supérieur des TP | Dix (10) | Six (6)<br>et au moins trois<br>chantiers similaires |
| 5 | Ingénieur Géotechnicien<br>Ingénieur du génie civil ou<br>géologue (Bac+5) | Dix (10) | Six (6)<br>et au moins trois<br>chantiers similaires |
| 6 | Responsable du Bureau d'étude<br>de l'entreprise<br>Ingénieur des travaux publics ou<br>en génie civil (Bac+5) | Dix (10) | Six (6)<br>et au moins trois<br>chantiers similaires |
| 7 | **Ingénieur Topographe**<br>Technicien Supérieur Topographe | Dix (10) | Six (6)<br>et au moins trois<br>chantiers similaires |

* On entend par « travaux similaires », des chantiers d'aménagement et bitumage en BB des routes en terre d'au moins 50km et avec construction d'ouvrages d'assainissement.

** Le Directeur des travaux devra obligatoirement maîtriser la pratique de la langue française (savoir bien écrire et parler le français).

NB : Pour le personnel ci-dessus, fournir le Curriculum Vitae signé par l'intéressé et une copie certifiée conforme du diplôme pour chaque membre.

Le Soumissionnaire doit fournir les détails concernant le personnel proposé et son expérience en utilisant les formulaires PER 1 et PER 2.

## Formulaire PER -1

Le Soumissionnaire doit fournir les noms de personnel ayant les qualifications requises comme exigées dans la Critère d'évaluation et de qualification. Les renseignements concernant leur expérience devront être indiqués dans le Formulaire ci-dessous à remplir pour chaque candidat.

| | | |
|---|---|---|
| 1. | Désignation du poste | |
| | Nom | |
| 2. | Désignation du poste | |
| | Nom | |
| Etc. | Désignation du poste | |
| | Nom | |

## 3. Curriculum vitae du Personnel proposé

### Formulaire PER-2

Le Soumissionnaire fournira tous les renseignements demandés ci-dessous. Les entrées comportant un astérisque (*) seront utilisés pour l'évaluation.

| Nom du Soumissionnaire : | | |
|---|---|---|
| Poste* | | |
| Renseignements personnels | Nom* | Date de naissance |
| | Qualifications professionnelles | |
| | Nom de l'employeur | |
| | Adresse de l'employeur | |
| Employeur actuel | Téléphone | Contact (responsable / chargé du personnel) |
| | Télécopie | E-mail |
| | Emploi tenu | Nombre d'années avec le présent employeur |

Résumer l'expérience professionnelle en ordre chronologique inverse. Indiquer l'expérience technique et de gestionnaire pertinente pour le projet.

| De* | À* | Société / Projet / Position / expérience technique et de gestionnaire pertinente* |
|---|---|---|
| | | |
| | | |
| | | |

### 4. Expérience générale

Expérience de marchés de construction à titre d'entrepreneur, de sous-traitant au cours des six(6) dernières années qui précèdent la date limite de dépôt des candidatures.

# Formulaire EXP-1

Nom légal du soumissionnaire : _____ Date: _____

Nom légal de la partie au GECA : _____ N° AOI: _____

Page_____de _____pages

| Mois/ année de départ* | Mois/ année final(e) | Identification du marché | Rôle du soumissionnaire |
|---|---|---|---|
| _____ | _____ | Nom du marché : _____ <br> Brève description des Travaux réalisés par le soumissionnaire : <br><br> Nom du Maître de l'Ouvrage: <br><br> Adresse : _____ | _____ |
| _____ | _____ | Nom du marché : _____ <br> Brève description des Travaux réalisés par le soumissionnaire : <br><br> Nom du Maître de l'Ouvrage: <br><br> Adresse : _____ | _____ |

*Inscrire l'année civile en commençant par la plus ancienne, et avec au moins neuf (9) mois d'activité par contrat.

## 5. Expérience spécifique

Expérience en marchés de construction à titre d'entrepreneur dans au moins deux(2) marchés de travaux routiers avec revêtement en béton bitumineux au cours des cinq (5) dernières années avec une valeur minimum de cinquante millions dollars américains (50 000 000 $), qui ont été exécutés de manière satisfaisante et terminés, pour l'essentiel, et qui sont similaires aux Travaux proposés. La similitude portera sur la taille physique, la complexité, les méthodes/ technologies ou autres caractéristiques telles que décrites dans la Section IV, Formulaires de soumission.

# Formulaire EXP-2

Nom légal du soumissionnaire : _____Date: _____

Nom légal de la partie au GECA : _____N° AOI: _____

Page_____de _____pages

| Numéro de marché similaire : _____ | Information | |
|---|---|---|
| Identification du marché | _____ | |
| Date d'attribution<br>Date d'achèvement | _____<br>_____ | |
| Rôle dans le marché | ☐<br>Entrepreneur | ☐<br>Sous-traitant |
| Montant total du marché | _____ | US$_____ |
| Dans le cas d'une partie à un GECA ou d'un sous-traitant, préciser la participation au montant total du marché | _____% | US$_____ |
| Nom du Maître de l'Ouvrage: | _____ | |
| Adresse :<br>Numéro de téléphone/télécopie :<br>Adresse électronique : | _____<br>_____<br>_____ | |

**Lexique**

le matériel 设备

le bulldozer 推土机

le chargeur pneu 胶轮式装载机

la finisseuse 平地机

le camion benne 自卸汽车

le camion tanker 油罐车

le grue 吊车

le concasseur 破碎机，碎石生产线

le central d'enrobage 沥青拌合站

le compacteur pneu 胶轮式压路机

le compacteur vibreur 钢轮式压路机

le camion remorque 拖车

l'excavateur m. 挖掘机

la niveleuse 摊铺机

les entrées 填入的数据

le type de matériel 设备类型

la puissance 功率

la capacité du matériel 设备能力

la location-vente 租购

le personnel proposé 拟配备人员

l'expérience *f.* 业绩

le directeur des travaux 工程部部长

le génie civil 土木工程

l'ingénieur assurance qualité *m.* 质量
工程师

le conducteur des travaux 工地领工员

l'ingénieur géotechnicien *m.* 地勘工程师

le géologue *m.* 地质学（家）

l'ingénieur topographe *m.* 测量工程师

le chargé du personnel 人事专员

l'emploi tenu *m.* 工作年限

l'attribution du marché *f.* 合同授予

l'achèvement des travaux *f.* 竣工

le revêtement 路面

le similitude 类似性

l'engagement *m.* 投入（使用）

---

## Notes

1. **La soumission 投标：** La soumission est la proposition d'une entreprise pour
   l'attribution d'un marché.

2. **MAT：** 为 Matériel 的缩写。

3. **No AOI 国际招标项目编号：** Numéro d'Appel d'Offres international

4. **La location-vente 租购：** La location-vente est un contrat conclu entre un
   propriétaire et un locataire prévoyant la faculté ou l'obligation pour ce
   dernier d'acheter le bien loué à l'issue d'un temps déterminé. La location-
   vente peut porter sur un bien immobilier (maison ou appartement) ou sur
   un bien meuble (une voiture par exemple). 先租后买的获取所有权的方式。

5. **L'ingénieur du BTP (bâtiment et travaux publics) ou TP (travaux publics)：**
   建筑工程师。

---

## Exercices

### 1. Traduire les mots et les expressions suivants en français.

| | | |
|---|---|---|
| 投标（动词） | 租赁 | 租购 |
| 自有 | 业绩 | 拟配备设备 |
| 设备能力 | 功率 | 合同授予 |

| 工程竣工 | 生产年份 | 招标 |
|---|---|---|
| 类似合同 | 工地领工员 | 测量 |

## 2. Traduire le texte suivant en chinois.

### Antécédents de marchés non-exécutés

*[Le formulaire ci-dessous doit être rempli par le Candidat et par chaque partenaire dans le cas d'un GECA]*

Nom légal du candidat : *[insérer le nom complet]*

Date : *[insérer jour, mois, année]*

ou

Nom légal de la Partie au GECA : *[insérer le nom complet]*

No AOI et titre : *[numéro et titre de l'AOI]*

Page *[numéro de la page]* de *[nombre total de pages]* pages

---

Marchés non-exécutés selon les dispositions de la Section III, Critères d'évaluation et de qualification

☐ Il n'y a pas eu de marché non exécutés pendant la période de [nombre d'années] ans stipulée à la Section III, Critères d'évaluation et de qualification, critère 2.2.1.

☐ Marché(s) non exécuté(s) pendant la période de [nombre d'années] années stipulée à la Section III, Critères d'évaluation et de qualification, critère 2.2.1 :

| Année | Fraction non exécutée du contrat | Identification du contrat | Montant total du contrat (valeur actuelle en équivalent US$) |
|---|---|---|---|
| [insérer l'année] | [indiquer le montant et pourcentage] | Identification du marché : [indiquer le nom complet/numéro du marché et les autres formes d'identification]<br>Nom du Maître de l'Ouvrage: [nom complet]<br>Adresse du Maître de l'Ouvrage: [rue, numéro, ville, pays]<br>Objet du litige : [indiquer les principaux points en litige] | |

**Litiges en instance, en vertu de la Section III, Critères d'évaluation et de qualification**

☐ Pas de litige en instance en vertu de la Section III, Critères dtévaluation et de qualification, critère 2.2.3.

☐ Litige(s) en instance en vertu de la Section III, Critères d'évaluation et de qualification, critère 2.2.3:

| Année | Résultat, en pourcentage de l'actif total | Identification du marché | Montant total du marché (valeur actuelle équivalent en US$) |
|---|---|---|---|
| [insérer l'année]<br>_____ | [indiquer le pourcentage]<br>_____ | Identification du marché : [insérer nom complet et numéro du marché et autres formes d'identification]<br>Nom du Maître de l'Ouvrage: [nom complet]<br>Adresse du Maître de l'Ouvrage: [rue, numéro, ville, pays]<br>Objet du litige : [indiquer les principaux points en litige] | [indiquer le montant]<br>_____ |

**Lecture**

## Fiche de renseignements sur le soumissionnaire

## Formulaire ELI-1.1

Nom légal du soumissionnaire : _____Date: _____

Nom légal de la partie au GECA : _____N° AOI: \_\_\_\_\_

Page\_\_\_\_de \_\_\_\_pages

| |
|---|
| Nom légal du soumissionnaire : |
| Dans le cas d'un groupement d'entreprises (GECA), nom légal de chaque partie : |
| Pays où le soumissionnaire est constitué en société : |
| Année à laquelle le soumissionnaire a été constitué en société : |
| Adresse légale du soumissionnaire dans le pays où il est constitué en société : |
| Renseignements sur le représentant autorisé du soumissionnaire : <br> Nom : <br> Adresse : <br> Numéro de téléphone/de télécopie : <br> Adresse électronique : |
| Les copies des documents originaux qui suivent sont jointes : <br> 1. Dans le cas d'une entité unique, Statuts ou Documents constitutifs de l'entité légale susmentionnée, conformément aux dispositions des Clauses 4.1 et 4.2 des IS. <br> 2. Dans le cas d'un GECA, lettre d'intention de former un GECA ou de signer un accord de GECA, conformément aux dispositions de l'article 4.1 et 4.2 des IS. <br> 3. Dans le cas d'une entreprise publique, documents qui établissent l'autonomie juridique et financière et le respect des règles de droit commercial, conformément aux dispositions de l'article 4.5 des IS. |

第二十二课 价项说明

# Bordereau des prix unitaires

## 200 TERRASSEMENT

201 Préparation de l'assiette

202 Déblai dépôt sol meuble

203 Remblai de déblai

204 Remblai dzemprunt

205 Couche de forme

## Série 200 – Terrassement

201 La préparation de l'assiette – Unité : le mètre carré

Ce prix s'applique à la préparation de l'assiette sous les remblais, après décapage.

Ce prix rémunère les sujétions suivantes :

* la scarification ;
* la mise en teneur en eau (arrosage/aération) ;
* le malaxage ;
* le compactage ;
* le réglage de l'assiette sous les remblais conformément aux spécifications du CPT.

La méthode de prise en compte est la suivante :

La surface d'assiette préparée entre les pieds de talus en remblais, mesurée suivant sa projection horizontale.

Le mètre carré Hors Tous Taxes et Droits (HTTD) : _____ USD (_____$)

## 202 Déblai dépôt sol meuble – Unité : le mètre cube

Ce prix s'applique au déblai de toute nature, excédentaire (distance de transport supérieure à 2 km pour la réutilisation en remblai) ou de qualité non appropriée pour la construction des remblais (y compris le déblai pour les purges) exécuté dans l'emprise des terrassements y compris l'excavation des fossés de plate-forme en déblai.

Ce prix rémunère les sujétions suivantes :

l'aménagement des dépôts en un lieu agréé par l'Ingénieur ;

l'extraction des matériaux de déblai meuble, leur chargement, leur transport, quelle que soit la distance, leur déchargement, la mise en dépôt ;

le profilage des talus et des fossés de plateforme suivant les plans approuvés ;

l'entretien et la mise en œuvre des mesures antiérosives dans les dépôts.

La méthode de prise en compte est la suivante :

Le mètre cube in situ avant déblai, mesuré par métré contradictoire à partir du terrain naturel après décapage, jusqu'à la cote de projet, à l'intérieur de l'emprise des terrassements. Le déblai excédentaire par rapport aux plans approuvés n'est pas pris en compte.

Le mètre cube HTTD : _____ USD (_____ $)

## 203 Remblais provenant des déblais – Unité : le mètre cube

Ce prix s'applique à la construction des remblais (remblai ordinaire et couche de forme) avec des matériaux en provenance des déblais y compris la restitution du décapage et la restitution des purges dans l'emprise des terrassements.

Ce prix rémunère les sujétions suivantes :

• l'extraction des matériaux de déblai meuble, le profilage des talus et des fossés de plateforme en déblai ;

- le chargement, le transport jusqu'à 2 km, le déchargement, l'épandage, la mise en teneur en eau (arrosage/aération), le malaxage, le compactage et le talutage conformément aux spécifications du CPT.

La méthode de prise en compte est la suivante :

Le mètre cube de remblai compacté en place, construit avec les matériaux de déblai. Le coefficient de contre foisonnement de 0,9 sera pris en compte pour la détermination du rendement du matériau de déblai mis en remblai. Le remblai excédentaire par rapport aux plans approuvés n'est pas pris en compte.

Le mètre cube HTTD : _____ USD (_____ $)


## 204 Remblai provenant d'emprunt-Unité : le mètre cube

Ce prix s'applique à la construction des remblais (remblai ordinaire et couche de forme) y compris la restitution du décapage et la restitution des purges dans l'emprise des terrassements exécutés avec des matériaux d'emprunt lorsque les matériaux de provenance des déblais ne sont pas disponibles (mauvaise qualité ou distance de transport supérieure à 2 Km).

Ce prix rémunère les sujétions suivantes :

- tous les frais relatifs à la mise à disposition des emprunts, le dédommagement pour la destruction de cultures et ou pour la perte de jouissance des lieux, ainsi que toutes les redevances d'extraction ;
- le débroussaillage et la découverte de l'emprunt ;
- l'extraction des matériaux pour remblai, le chargement, le transport quelle que soit la distance, le déchargement ;
- l'épandage, la mise en teneur en eau (arrosage/aération), le malaxage, le compactage et le talutage conformément aux spécifications du CPT.

La méthode de prise en compte est la suivante :

Le mètre cube compacté en place, mesuré par métré contradictoire à partir du fonds du décapage jusqu'à la cote de projet, à l'intérieur de l'emprise des terrassements. Le remblai excédentaire par rapport aux plans approuvés n'est pas pris en compte.

Le mètre cube HTTD : _____ USD (_____ $)

## Lexique

la série 章（节）

le terrassement 土方，土方工程

l'assiette *m.* 路基

le remblai 回填

le décapage 清除表面（简称：清表）

la sujétion 任务

la scarification 松表土

la mise en teneur en eau 洒水

le malaxage 分层填筑

le compactage 夯实

le réglage 场地平整

l'arrosage *m.* 洒水

le réglage 平整

le talus 路堤

la prise en compte 计价

la projection 投影

le déblai 挖方，挖方工程，挖方料

le dépôt 存放

le sol meuble 松散土

excédentaire *a.* 多余的，过剩的

l'emprise *f.* 占地，管界

le fossé 边沟

la plateforme *f.* 路床

la purge 挖清

l'excavation 开挖

le profilage （路基）平整，修整

antiérosif, ve *a.* 防腐蚀的

in situ [拉] 在正位，在原位

le métré contradictoire *m.* 工程计量

le terrain naturel 天然地面

la cote 标高

le remblai de déblai 移挖作填

la couche de forme 路面顶基层

l'épandage *f.* 摊铺

le talutage 修成边坡

le coefficient 系数

le rendement 量

le remblai d'emprunt 借土填方

la redevance 费用

la débroussaillage 灌木清除

## Notes

1. **CPT 技术规定汇编**：Le Cahier des Prescriptions Techniques.

2. **La projection horizontale 平面投影图**：也被称为俯视图，通常用于计算某物的占地面积。比如在图中（Fig.1），对圆柱体进行了三面投影，其中圆形图示则为平面投影。

3. **La plate-forme (ou plateforme) 路床**：路床是指根据路面结构层厚度及标高要求，在采取填方或挖方筑成的路基上整理成的路槽。路床供路面铺装。路床是路面的基础，承受由路面传来的荷载。la plate-forme d'une route désigne, au

sens géométrique, la surface de la route qui comprend la ou les chaussées, les accotements et éventuellement les terre-pleins. Elle peut aussi désigner la structure qui supporte la chaussée. ( Fig.2)

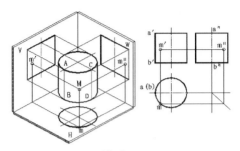

**Fig.1**

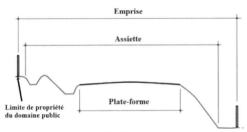

**Fig.2**

4. Le talus 路堤：见图 (Fig.3)。

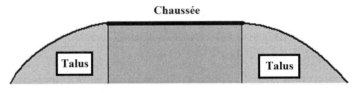

**Fig.3**

5. Le remblai provenant des déblai 移挖作填：用挖方的土石进行回填。

6. Le remblai provenant d'emprunt 借土填方：在专门的取土场进行取土，并运来回填。

7. La couche de forme 路基顶面层：对于一条公路或一条铁路，当现有的土壤或使用的填方不能达到满意的质量要求时，要做路基顶面层，它是由借土填方层或原地土壤处理层，形成的一层满意的底层（承载力、均质性）。该路基顶面层也能够承受工地内的交通。

8. **Le coefficient de contre foisonnement 最终可松性系数：** 土的可松性是指在自然状态下的土，经过开挖以后，其体积因松散而增加后虽然振动夯实，仍不能恢复到原来的体积，这种性质称为土的可松性。

土的可松性程度用可松性系数（经开挖后松散土（或夯实土）的体积与自然状态下土体积之比）表示：

- Le matériau en place au déblai 自然土（土在天然状态下）的体积：用 V0 表示；

- Le matériau « foisonné » (transporté) 松散土（土在松散态下）的体积：用 Vf 表示；

- Le matériau compacté au remblai 夯填土（土经压实后）的体积 用 Vc 表示。
  土的可松性程度用可松性系数表示：

- 最初可松性系数：$F_f=V_f/V_0$
  作用：选择运输工具数量，以及计算土方机械的生产率

- 最终可松性系数：$F_c=V_c/V_0$
  作用：土方平衡调配时，计算调整填方的工程量。

9. Définitions du « métré » :

En lien avec la thématique « métré », les définitions suivantes sont valables :

- Métré 测量：Cette notion s'applique aux prestations qui consistent à établir un avant-métré ou un métré contradictoire.

- Avant-métré 工程估算：Métré théorique sur plan ou directement sur le chantier pour des prestations à fournir, comme base pour une offre.

- Métré contradictoire 工程计量：Métré effectif directement sur le chantier des prestations réalisées, comme base pour la facturation.

## Exercices

**1. Traduire les mots et les expressions suivants en français.**

| | | |
|---|---|---|
| 移挖作填 | 挖方 | 填方 |
| 土方工程 | 边沟 | 设计标高 |
| 路堤 | 边坡 | 路面顶基层 |
| 借土填方 | 计价 | 价项说明 |
| 立方米 | 天然地面 | 松表土 |

**2. Traduire le texte suivant en chinois.**

205 – COUCHE DE FORME – Unité : le mètre cube

Ce prix s'applique à la préparation de la couche de forme dans les sections en déblai.

Ce prix rémunère les sujétions suivantes :

- en déblai : la scarification, la substitution de matériaux de qualité non approprié rencontré au niveau de la couche de forme, la mise en teneur en eau (arrosage/aération), le malaxage, le compactage et le réglage final de la surface conformément aux spécifications du CPT.

- en remblai : la mise en œuvre de matériaux de qualité, l'éventuel surplus de compactage par rapport au remblai ordinaire (si le CPT le prévoit) et le réglage final de la surface conformément aux spécifications du CPT.

Le mètre cube HTTD : _____ USD (_____ $)

## Les travaux de terrassement

Le terrassement est l'ensemble des travaux effectués pour préparer le terrain à accueillir une nouvelle construction ou une infrastructure. Les travaux engagent parfois des moyens colossaux (main d'œuvre importante, engins volumineux, etc.) même si la future construction est de taille modeste.

Le terrassement comprend quatre catégories d'opérations, à savoir :

- Le déblai consistant à enlever des terres pour abaisser le niveau du sol ;
- Le remblai consistant à mettre en place des terres préalablement prélevées ;
- Le chargement des déblais sur les véhicules de transport ;
- Le transport des terres pour la mise en remblai ainsi que l'évacuation des terres excédentaires.

Ces opérations sont précédées par un piquetage, c'est-à-dire une délimitation du terrain. A l'aide de piquets métalliques, le géomètre détermine les limites exactes du chantier. Il prélève également tous les points de niveau qui nécessitent un besoin de terrassement. Il conçoit alors le plan topographique du chantier destiné à l'usage des professionnels.

Les travaux de terrassement s'effectuent parfois dans des circonstances difficiles nécessitant des précautions particulières. Le terrassement en milieu urbain, qui s'effectue à proximité des bâtiments, est par exemple difficile à réaliser, surtout lorsque les gros engins accèdent difficilement au chantier. La réalisation des excavations est également une affaire délicate, le creusement d'une fouille, au-delà d'une certaine profondeur, peut s'avérer critique, car les parois risquent de s'effondrer. Une technique appelée « blindage » est donc à appliquer pour prévenir ces risques. Cette technique consiste à étayer les parois pour garantir la sécurité des ouvriers, en l'occurrence ceux qui posent des canalisations souterraines, contre l'ensevelissement.

第二十三课 工程量清单
# Détail quantitatif et estimatif

Le soumissionnaire complétera le devis estimatif avec ses prix unitaires et calculera les montants correspondants pour chaque poste et le montant total de l'offre. Le soumissionnaire ne pourra pas modifier les quantités.

| N° | Désignation | Uté. | Qté. | Prix Un. (USD) | Prix Total (USD) |
|---|---|---|---|---|---|
| | **BORDEREAU QUANTITATIF ET ESTIMATIF DES TRAVAUX DU BOULEVARD DU 30 JUIN LOT 2** | | | | |
| 100 | Installation du chantier | | | | |
| 101 | Installation et repli du chantier | FF | 1.00 | | |
| 102 | Etudes et documentation technique | FF | 1.00 | | |
| | SOUS-TOTAL | | | | |
| | | | | | |
| 200 | TRAVAUX PREPARATOIRES ET DEGAGEMENT DES EMPRISES | | | | |
| 201 | Démolition d'ouvrages existants | | | | |
| 201.1 | Démolition d'ouvrages de maçonnerie, dalle et caillou | m³ | 2000 | | |
| 201.2 | Démolition d'ouvrages en béton armé | m³ | 1500 | | |
| 201.3 | Démolition d'ouvrages ( poteau électrique, téléphonique et lampadaire ) | U | 80 | | |
| 201.4 | Démolition d'ouvrages métalliques divers | kg | 1000 | | |

| | | | | | |
|---|---|---|---|---|---|
| 201.5 | Démolition de constructions permanentes | m² | 5000 | | |
| 201.6 | Démolition de route bitumée existante | m² | 3000 | | |
| 202 | Abattage d'arbre | U | 160 | | |
| | SOUS-TOTAL | | | | |
| | | | | | |
| 300 | **Terrassements** | m³ | 4000 | | |
| 301 | Fouille de terre vaseuse | m³ | 21000 | | |
| 302 | Déblai | m³ | 5000 | | |
| 303 | Déblai mis en remblai | m³ | 2000 | | |
| 304 | Purge de terrains de mauvaise tenue et remblai en pierre | m³ | 4000 | | |
| 305 | Purge et remblai en concassé | m³ | 6000 | | |
| 306 | Purge et remblai en terre | | | | |
| | SOUS-TOTAL | | | | |
| | | | | | |
| 400 | Chaussée | | | | |
| 401 | Couche de fondation en grave concassée | m³ | 12944 | | |
| 402 | Couche de base en concassé à stabiliser | m³ | 0 | | |
| 403 | Imprégnation | m² | 30360 | | |
| 404 | Béton bitumineux (5cm) | m² | 43000 | | |
| 405 | Couche dtaccrochage | m² | 43000 | | |
| 406 | Enduit monocouche | m² | 0 | | |
| 407 | Géotextile en fibre de verre | m² | 10000 | | |
| | Trottoir | | | | |
| 408 | Pavé du trottoir | m² | 15000 | | |
| 409 | Mortier au ciment 2cm | m² | 15000 | | |
| 410 | Fourniture et pose de bordure | m | 10000 | | |
| 411 | Plantation d'arbre | U | 714 | | |
| 412 | Espace d'arbre | U | 714 | | |
| 413 | Couche de fondation en ciment stabilisé | m³ | 2400 | | |
| | SOUS-TOTAL | | | | |
| | | | | | |
| 500 | **Assainissements** | | | | |
| 501 | Buse en béton armé | | | | |

| | | | | | |
|---|---|---|---|---|---|
| 501.1 | Fourniture et pose des buses en béton diamètre 500mm | m | 410 | | |
| 502 | Puits de visite | U | 14 | | |
| 503 | Coulage du caniveau en béton sur place | | | | |
| 503.1 | Béton de propreté C35 | $m^3$ | 586,8 | | |
| 504 | Caniveau en maçonnerie de moellons | | | | |
| 504.1 | Moellon de ciment mortier M10 | $m^3$ | 4003,2 | | |
| 504.2 | Béton de moellon C25 | $m^3$ | 4435,2 | | |
| 504.3 | Béton C25 | $m^3$ | 748,8 | | |
| 504.4 | Enduit ( 1.5m d'épaisseur ) | $m^2$ | 11520 | | |
| 505 | Dalle | m | 5100 | | |
| 506 | Déblai | $m^3$ | 25092 | | |
| 507 | Remblai | $m^3$ | 10047 | | |
| | SOUS-TOTAL | | | | |
| | | | | | |
| 600 | Ouvrages d'art | | | | |
| 601 | Pont à poutre 3-13 m | $m^2$ | 563,2 | | |
| 602 | Echangeur PM | U | 2 | | |
| 603 | Viaduc PM | ml | 2500 | | |
| | SOUS-TOTAL | | | | |
| | | | | | |
| 700 | Signalisation et équipement | | | | |
| 701 | Signalisation horizontale | $m^2$ | 2275 | | |
| 702 | Signalisation verticale | U | 26 | | |
| 703 | Garde-fou antichoc | | | | |
| 703.1 | Préfabrication de garde-fou antichoc en béton armé | ml | 655,00 | | |
| 703.2 | Installation de garde-fou antichoc en béton armé | ml | 655,00 | | |
| | SOUS-TOTAL | | | | |
| | | | | | |
| 800 | Eclairage public | | | | |
| 801 | Candélabre équipé, de 12m de hauteur hors sol, double lumière (fondation, lampes et puits) | U | 150 | | |

| | | | | | |
|---|---|---|---|---|---|
| 802 | Candélabre équipé, de 16m de hauteur hors sol, triple lumière (fondation, lampes et puits) | U | 2 | | |
| 803 | Pose des câblesVV22-4*70 ( fouille, remblai, protection et branchement ) | km | 0,26 | | |
| 804 | Pose des câblesVV22-4*70 ( fouille, remblai, protection et branchement ) | km | 5,7 | | |
| 805 | Armoire de commande d'éclairage intelligent | U | 2 | | |
| | SOUS-TOTAL | | | | |
| | TOTAL (N°  100-800) | | | | |
| | | | | | |
| 900 | Autres | | | | |
| 901 | 1% Fonds de Protection de l'Environnement 1% | FF | 1 | | |
| 902 | 2,4% Frais de contrôle et de surveillance des travaux 2,4% | | | | |
| | SOUS-TOTAL | | | | |
| | | | | | |
| | TOTAL (N°100-900) | km | 2,498 | | |

## Lexique

le devis  报价

le poste  价项

le lot  标段

le repli du chantier  退场

FF(forfait)  包干价

les études  设计

la documentation technique  技术资料

les travaux préparatoires *m.pl.* 准备工程

le dégagement  清场

la maçonnerie  圬工工程

la dalle  盖板

le poteau électrique  电线杆

le lampadaire  路灯

U(unité)  台，件，辆

l'ouvrage métallique *m.* 金属结构物

la fouille  挖除

la terre vaseuse  淤泥

le déblai mis en remblai  利用方

le purge  挖清

la chaussée  路面，车行道

la couche de fondation  底基层，下基层

la grave concassée  轧碎的砂石料

la couche de base  基层，上基层

l'imprégnation *f.* 透油层

le béton bitumineux 沥青混凝土

la couche d'accrochage 黏层，胶结层

l'enduit monocouche *f.* 单层表面处治层

le géotextile en fibre de verre 玻纤土工布

la pavé 铺路石，铺路材料

le bordure 路缘石

l'espace d'arbre *m.* 树池

le ciment stabilisé 水泥稳定土

l'assainissement *m.* 排水，排水工程

la buse 圆管涵

la fourniture 材料

la pose 安装

le coulage 浇筑

le béton de propreté 素混凝土

le puits de visite 检查井，观察井

le caniveau 路面排水沟，明沟

le béton de moellon [mwalɔ̃] 片石混凝土

le ciment mortier 水泥砂浆

l'ouvrages d'art *m.* 桥涵（工程）

le pont à poutre 梁桥

l'échangeur *m.* 立交桥

le viaduc 高架桥

la signalisation horizontale 标线

la signalisation verticale 交通标志

le garde-fou 护栏

lvéclairage public *m.* 公共照明（工程）

le candélabre 金属灯杆

l'armoire de commande *f.* 控制箱

le branchement 接地

---

## Notes

1. **Détail Quantitatif et Estimatif 工程量清单**：是建设工程的分部分项工程项目、措施项目、其他项目、规费项目和税金项目的名称和相应数量等的明细清单。由分部分项工程量清单、措施项目清单、其他项目清单、规费税金清单组成。在招投标阶段，由于该清单为投标人列出了所有工程项目和工程量，使得所有投标人掌握的信息相同，因此，该清单保证了竞标公平公正

2. **L'enduit monocouche（沥青）单层表面处治层**：沥青表面处治是用沥青和细粒料按层铺或拌和方法施工，厚度一般为 1.5cm~3cm 的薄层路面面层。由于处治层很薄，一般不起提高强度作用，其主要作用是抵抗行车的磨耗和大气作用，增强防水性，提高平整度，改善路面的行车条件。Un enduit de façade permet donc une protection, une décoration et parfois uniformisation du support sur lequel il est appliqué. Il existe différent type d'enduits, adaptés aux différents supports destinés à les recevoir. L'enduit monocouche, comme son nom l'indique, est un enduit qui s'applique en une seule

couche. Il doit impérativement être appliqué sur une surface propre, saine et solide. L'application est souvent réalisée par projection, puis talochage. Mais elle peut aussi être réalisée à la main.

3. **Un ouvrage d'art 桥涵工程**：Il désigne soit une construction de grande importance entraînée par l'établissement d'une voie de communication (route, voie ferrée, canal, etc.), soit un dispositif de protection contre l'action de la terre ou de l'eau, soit enfin un dispositif de retenue des eaux (digue, barrage).

4. **Quelques définitions**：

**Pont 桥梁**：Construction qui permet de franchir un cours d'eau, une voie ferrée, un bras de mer ou une route en passant dessus.

**Le passage supérieur 跨线桥**：Ouvrage de franchissement à un niveau supérieur d'une route ou d'une voie ferrée (ou d'un canal) en prenant ces éléments comme référence.

**Le viaduc 高架桥**：Pont très long sur lequel passe une route.

**L'échangeur 立交桥**：Carrefour où des routes se croisent à des niveaux différents.

**Le giratoire 环形交叉路口**：un rond-point.

---

**Exercices**

**1. Traduire les mots et les expressions suivants en français, et trouver les images correspondantes sur Internet et les afficher ŕ côté du mot concerné.**

| | | |
|---|---|---|
| 素混凝土 | 沥青混凝土 | 路面排水沟 |
| 排水工程 | 环保 | 圆管涵 |
| 现浇 | 检查井 | 路灯 |
| 路缘石 | 金属灯杆 | 钢筋混凝土 |
| 水泥砂浆 | 单层表处 | 立交桥 |
| 高架桥 | | |

## 2. Traduire le texte suivant en chinois.

### BORDEREAU QUANTITATIF ET ESTIMATIF

### DU PONT MOYEN DU BOULEVARD LUMUMBA LOT 2 AU PK1+726

| N° | Désignations | Uté. | Qté. | Prix Un. (USD) | Total (USD) |
|---|---|---|---|---|---|
| 100 | Travaux préparatoires | | | | |
| 101 | Préparation d'aire de préfabrication | FF | 1.00 | | |
| 102 | Démolition de la rivière et fouille de boue | m³ | 1,480.00 | | |
| 103 | Démolition de la rivière et maçonnerie de moellons M10 | m³ | 190.00 | | |
| | SOUS-TOTAL | | | | |
| 200 | Déblai et remblai de fondation | | | | |
| 201 | Remblai d'emprunt de la terrasse de construction | m³ | 2,500.00 | | |
| 202 | Remblai par prébatardeau par terre | m³ | 2,300.00 | | |
| 203 | Fouille de terre | m³ | 5,000.00 | | |
| 204 | Remblai de concassés au dos de la culée | m³ | 1,300.00 | | |
| | SOUS-TOTAL | | | | |
| ETC. | ... | ... | ... | ... | ... |
| | TOTAL | | | | |

### Lecture

Les prix et taux indiqués dans le bordereau couvrent la totalité de la valeur des travaux décrits dans les postes, y compris tous les coûts et dépenses requis par la réalisation des travaux, de même que les travaux temporaires et équipements nécessaires et tous les risques généraux, responsabilités et obligations expressément ou implicitement prévus dans les documents sur lesquels l'offre se base. Les charges d'établissement, profits et indemnités de toutes les obligations sont également réparties au travers de l'ensemble des taux unitaires.

Les taux et prix indiqués dans le bordereau s'appuient sur les taux courants avant la date de soumission.

Les taux et prix doivent être indiqués pour chaque poste du bordereau. Les taux doivent couvrir toutes les taxes, droits et autres engagements, qui ne sont pas indiqués séparément dans le bordereau et l'offre.

第二十四课 建筑材料
# Matériaux de construction

## A. MATERIAUX DE CONSTRUCTION

### 1. L'eau, le sable, le gravier, le ciment, le plâtre

Ce sont les éléments de base qui vont permettre d'assembler la majeure partie de la maison. L'eau doit, bien entendu, être propre et exempte d'impuretés. Même recommandation pour le gravier et le sable, sous peine de compromettre la résistance du mortier gâché.

### 2. Les bétons

Qu'il s'agisse de bétons de chantiers, de bétons prêts à l'emploi ou préfabriqués, la spécification et les caractéristiques minimales du béton doivent être conformes à la NF EN 206 d'avril 2004.

Décoratifs : aujourd'hui, le béton prêt à l'emploi présente une grande variété d'aspect de surface :

- désactivé, il relève la structure de la pierre naturelle ;
- imprimé, il réinvente le pavage à l'ancienne. Il séduit et s'adapte parfaitement aux terrasses extérieures, allées de jardin, trottoirs, accès de garage, plage de piscine...

## 3. Les briques, les parpaings, les moellons

Ces matériaux présentent la particularité, soit de se rétracter en séchant, soit de gonfler en environnement humide, soit d'être sensibles au gel. Ces comportements sont normalisés : NF B 10 513 pour la tenue au gel, NF P 13 301 pour le gonflement. Vérifiez que les matériaux employés répondent bien à ces normes. Pour mémoire, sachez que les parpaings en béton creux et les blocs de béton cellulaires sont neutres et que les briques sont susceptibles de se dilater. Ces déformations contradictoires interdisent par conséquent l'association de briques et de parpaings, qui se solderait presque à coup sûr par l'apparition de fissures. Les règles de l'art sont formelles et le DTU 20.1 interdit l'association de deux matériaux différents. Une maison doit être réalisée en matériaux cohérents. Les moellons de pierre ne présentent pratiquement aucune variation mais certaines pierres peuvent se désagréger sous l'effet de gels et de dégels répétés. Une autre notion est à prendre en compte c'est le respect de l'environnement. Pour cela la nouvelle norme NF P01 010 dite FDES démontre en comparant les produits que le bloc béton associé à un isolant possède les meilleures performances en étant le moins consommateur en énergie pour sa fabrication et pour son transport. Les réglementations thermiques nouvelles vont nécessiter de traiter parfaitement les ponts thermiques, planchers, fenêtres, murs de refend et dans ce cas, seule un apport d'isolant venant soit par l'extérieur, soit à l'intérieur permettra à la fois des performances légales mais aussi un confort mesurable. La santé des habitants est aussi prise en compte dans la FDES en mettant en évidence les produits toxiques de traitement de certains matériaux et en traquant les Composants Organiques Volatils (COV), contenus dans les colles, vernis, peintures et autres traitement du bois par exemple.

## 4. Les matériaux de couverture

Leur choix est souvent fonction de la localisation de la maison : ardoise en Bretagne, tuile canal en Languedoc et en Provence, tuile mécanique en Ile-de-France, tuile plate en Bourgogne, lauze en Auvergne... en Afrique, on utilise même la tôle ondulée. Il faut s'assurer que ces matériaux ne soient pas sensibles au gel : exigez la norme NF ou tout autre label de qualité équivalent. Le poids de la couverture peut varier de 30 kg/m2 (ardoises) à 150 kg/m2 (lauzes). Ceci influe sur la conception et donc le coût de la charpente.

## 5. Les murs

Ils doivent respecter une certaine épaisseur en fonction du matériau utilisé (pierre de taille, brique, béton armé, béton cellulaire, parpaing). Ils sont dans la plupart des cas recouverts d'un enduit. Ce dernier peut être de deux types :

- enduit prêt à l'emploi : fourni en pâte, il n'a pas besoin de préparation avant de l'utiliser, cet enduit a déjà un dosage du mélange parfait.
- enduit traditionnel : fourni en poudre, ce sont des enduits dispensables à l'eau. Ils se présentent sous forme pulvérulente. Ils reçoivent une addition d'eau pour l'emploi.

A l'intérieur, les murs sont généralement doublés avec un isolant, en ménageant un espace libre dans lequel circule de l'air. Des solutions d'isolation par l'extérieur sont également envisageables. Les murs sont aussi exposés aux remontées d'humidité : l'eau progresse par capillarité et finit par apparaître à la surface des murs. Pour éviter ce phénomène, il faut réaliser une coupure étanche horizontale dans le soubassement des murs, soit en utilisant un produit hydrofuge incorporé au mortier, soit avec une feuille de membrane synthétique ou en bitume armé (feuille souple et noire armée par un voile de verre). Cette feuille d'étanchéité peut également être disposée sous la dalle du rez-de-chaussée lorsque la construction ne comporte pas de vide sanitaire.

## 6. Le toit

Ayant aussi pour fonction de protéger les murs, il doit s'avancer le plus possible. Il faut veiller particulièrement aux points sensibles suivants : solin en pourtour de cheminée, solin en pignon, arêtes de toit... Après de fortes intempéries ou suite à un vent violent, il est toujours prudent d'inspecter la toiture pour repérer toute tuile déplacée ou fendue et procéder à son remplacement.

## B. Matériaux utilisés en maçonnerie MATERIAUX UTILISES EN MAÇONNERIE

| Nom | Illustration | Présentation |
|---|---|---|
| Brique | | Un élément de construction généralement en forme de parallélépipède rectangle constitué de terre argileuse crue, séchée au soleil, brique crue ou cuite au four, employée principalement dans la construction de murs. |
| Parpaing creux | | Le parpaing standard (largeur 50 cm, hauteur 20 cm). Profondeur courante : 20 cm. Existe aussi en 27 cm (pour réaliser les premiers rangs d'un mur de soutènement), et en 15 et 10 cm. |
| Bloc d'angle | | Parpaing percé d'un trou carré permettant le passage d'une ferraille verticale (existe dans les mêmes dimensions que le parpaing creux). |
| Bloc linteau | | Parpaing en U pour permettre le passage d'une ferraille horizontale |
| Bloc à bancher | | Parpaing creux avec emboîtement. Ces parpaings se montent à sec puis on coule à partir du faîte du mur du béton dans toutes les alvéoles. Très solide, utilisé souvent pour la réalisation de piscines enterrées |

| | | |
|---|---|---|
| Fers à béton | | 1.Equerres de liaison pour effectuer les liaisons entre la semelle de fondation et le chaînage vertical<br>2.Fer rond torsadé dit « fer tor ». S'utilise pour piliers, soubassements... Existe en Ø8, 10 mm... (de 6 à 32 mm !)<br>3.Semelle de fondation<br>Fers de chaînage et de poteaux. Existe aussi en assemblage de 4 (photo), 3 et de 2 fers tor. |
| Feutre géothermique | | Pour protéger le drainage d'un mur de soutènement en bois |
| Drains | | Il est recommandé de mettre en place un drain au niveau des fondations d'un édifice afin de collecter les infiltrations d'eau dans le sous-sol avant qu'elles ne risquent de porter atteinte à la stabilité de la construction suite à l'affouillement progressif de l'assise des fondations par l'érosion provoquée par les courants d'eau souterrains. |
| Tube PVC de 30 ou 40 | | Pour les barbacanes. |

le gravier  砾石

le ciment  水泥

le plâtre  石膏

compromettre  vt. 损害

le mortier  砂浆

gâcher  vt. 拌和

la résistance  强度

le béton  混凝土

le chantier  建筑工地

le béton prêt à l'emploi  商品混凝土

préfabriqué, e  a. 预拌的

la spécification  规格

la caractéristique  性能指标

le béton désactivé  豆石砂浆地面

le béton imprimé  印花砂浆地面

le pavage  路面

la brique  火砖

le parpaing  水泥砖

le moellon  毛石

le comportement  特性

le bloc  砖块

cellulaire  a. 蜂窝状的

l'association  f. 黏结

la fissure  裂缝

les règles de l'art  f.pl. 操作规程

cohérent, e  a. 相匹配的

se désagréger  分解

la réglementation thermique  热工标准

le pont thermique  热桥

l'apport d'isolant  m. 保温层

la colle  黏合剂

le vernis  油漆

la peinture  涂料

la couverture  屋面

l'ardoise  f. 板岩

la tuile canal  弧形瓦

la tuile mécanique  机制瓦

la tuile plate  平瓦

la lauze  （盖屋顶用的）板石

la tôle ondulée  波形瓦

la charpente  屋架

la pierre de taille  条石

le béton armé  钢筋混凝土

l'isolant  m. 绝缘材料

la capillarité  毛细现象

le bitume armé  石油沥青油毡

la feuille d'étanchéité  防水卷材

le vide sanitaire  架空层

le solin  泛水

le pignon  山墙

lvarête de toit  屋脊

le mur de soutènement  护土墙

la ferraille  钢筋

le bloc linteau  过梁砖

le fer à béton  钢筋

l'équerre  f. 角筋

le fer tor  绞钢

la semelle de fondation  基础底板筋

le chaînage  圈梁

le feutre géothermique  土工布

le drainage  排水系统

la barbacane  排水管

1. **Le matériau 材料**：包括原料、辅料和消耗材料等所有材料。"La matière"是指原料，即构成产品主体的材料，而"le matériel"则是指设备、装置和场地等生产条件。

2. **Le béton 混凝土**：混凝土与砂浆的区别在于，混凝土是由以水泥为胶结材料，以砂、石为骨料，加水拌合，经浇筑成型，凝结硬化形成的固体材料。而砂浆是水泥、砂和水的混合物，没有骨料。砂浆一般用做块状砌体材料的黏合剂或抹灰。

3. **La brique 火砖**：是指用泥土烧结的砖，呈红色或青色。而"le parpaing"则是指混凝土制作的砖，规格通常更大，呈灰色。

4. **Le parpaing creux et le parpaing cellulaire 混凝土空心砖和混凝土蜂窝砖**：两者主要不同点在于其内部结构。空心砖内部有较大的空心部分，而蜂窝砖内部则密布细小空洞。两者的特点都是重量轻，体积大，且具有一定强度。

5. **DTU 技术统一规范**：全称为"Document Technique Unifié"，其中包括"Le cahier des clauses techniques"（技术规范）、"Le cahier des clauses spéciales"（特别条款）以及"Les règles de calcul"（计算规则）。这是目前法国实施的关于建筑施工的行业技术规范文件。同时，该技术规范还大量在除法国以外的许多法语国家使用，如非洲法语国家。

6. **FDES 建筑环保卫生标准**：全称为"Fiche de Déclaration Environnementale et Sanitaire"。该标准概括性地提出了对建筑材料的生产、运输、使用、回收利用等全流程中的环保与安全指标的要求。

7. **L'isolant 绝缘**：该单词在建筑中有多重含义：电绝缘、阻风、隔热、保温、防潮、隔音等。

8. **Composants Organiques Volatils (COV) 挥发性有机物**：该类物质对人体的危害很明显。各国各组织对 COV 的定义不同，通常采取世界卫生组织的定义，即熔点低于室温而沸点在 50 ~ 260℃之间的挥发性有机化合物的总称。在涂料、油漆、胶黏剂等建筑材料中的常见挥发性有机物成分为甲醛、氨、乙二醇、酯类等。

9. **La couverture 屋面**：屋面是指建筑物屋顶的表面，也指屋脊与屋檐之间的部分。

10. **Le produit hydrofuge incorporé au mortier 防水灰浆产品**：防水产品有很多种类，有防水片材、卷材、防水剂等。本品为灰浆（或砂浆）防水添加剂，是在搅拌灰浆（或砂浆）时添加到其中，使灰浆（或砂浆）具有防水性能。而普通灰浆（或砂浆）一般并不能防水。

11. **Le feutre géothermique 土工布**：法语又称"le géotextile"，中文也被叫做土工织物。是一种由合成纤维通过针刺或编织而成的透水性土工合成材料。用于对具有不同物理性质的建筑材料进行隔离。使两种或多种材料间不混杂，保持材料的整体结构和功能，使构筑物载承能力加强。

12. **PVC 聚氯乙烯**：全称为"Polychlorure de vinyle"，通常作为制作下水管道的材料。

13. **La barbacane 排水管**：与"le drain"不同，"la barbacane"为垂直于挡土墙的排水管，主要是为了迅速排除墙后积水。这一排水系统被称作墙身排水。

## Exercices

**1. Traduire les mots suivants en chinois et trouver les images correspondantes sur Internet et les afficher à côté du mot concerné.**

1. le pavage
2. le moellon
3. une chose désagrégée
4. le mur de refend
5. l'ardoise
6. la tuile canal
7. la tuile mécanique
8. la tuile plate
9. la lauze
10. le béton cellulaire
11. le parpaing
12. l'enduit
13. un voile de verre
14. le vide sanitaire
15. le solin
16. l'arête

17. le faîte
18. l'équerre
19. la semelle de fondation
20. le chaînage
21. le drain
22. la laine minérale
23. un isolant polystyrène
24. le joint
25. le profil
26. le tasseau
27. le contre-lattage
28. le chevron
29. la pointe
30. un chasse-goupille
31. le clip
32. une agrafeuse électrique

## 2. Traduire le tableau suivant en français.

| | | |
|---|---|---|
| 剪力墙 | 打夯机 | 对焊机 |
| 木工打眼开榫机床 | 塔吊 | 震捣器 |
| 气焊机 | 铲车 | 卷扬机 |
| 木工带锯 | 金属车床 | 挖掘机 |
| 混凝土搅拌机 | 木工轮锯 | 金属钻床 |
| 叉车 | 钢筋切割机 | 木工平刨机床 |
| 预应力空心成型机 | 推土机 | 钢筋弯曲机 |
| 木工压刨机床 | 磨地机 | 脚手架 |
| 电焊机 | 空气压缩机 | 混凝土模板 |

## 3. Traduire le texte suivant en chinois.

### Types de fermetures

| Type | Illustration | Avantages | Inconvénients |
|---|---|---|---|
| Ouvrant classique ou « à la française » | | Bonne isolation au vent (certaines fenêtres proposent des doubles joints) | Non utilisable pour les grandes ouvertures (baies vitrées) |
| Coulissants | | Type d'ouverture adaptés aux grands vitrages. Pas d'encombrement fenêtre ouverte, ce qui peut s'avérer intéressant, par exemple pour une fenêtre sur évier | Mauvaise résistance au vent (laisse passer plus d'air), sauf pour les modèles haut de gamme dont l'ouvrant se verrouille à la fermeture en se soulevant |
| « Mixte » ou « oscillo-coulissant » ou « coulissant à translation » | | Le meilleur système pour les baies vitrées car il apporte une aussi bonne isolation au vent qu'une fenêtre à la française. Le fonctionnement est analogue à celui d'une porte latérale des éhicules utilitaires : la fenêtre coulisse puis vient se plaquer sur le dormant | Prix plus élevé du mécanisme qui se répercute sur le prix total |

# Le lambris

Tout d'abord fixer une ossature de tasseaux perpendiculaire au lambris, avec un espacement de 40 cm entre les rangées. Laisser un écart de 2 cm entre les longueurs de tasseaux pour passer les éventuelles gaines électriques ainsi que pour ménager un espace de circulation de l'air derrière le lambris.

Fraiser les trous percés dans les tasseaux lors de leur fixation au mur, creuser légèrement le bois autour du trou percé avec une fraiseuse pour que les têtes de vis ne dépassent pas et que l'ossature soit parfaitement plane, sans aucunes aspérités.

Si c'est un mur fraîchement construit, laisser sécher le béton ou le plâtre pendant un mois avant la pose du lambris. Lors d'une rénovation sur un mur poreux, poser un film bitumé entre les tasseaux de façon à prévenir les remontées d'humidité.

Ne pas poser la première lame de lambris sans avoir vérifié son horizontalité ou sa verticalité avec un niveau à bulle, De cette première lame dépend la pose parfaite de la totalité de votre lambris. Si votre mur n'est pas d'aplomb, fixer des cales derrière les tasseaux pour récupérer un aplomb correct.

第二十五课　建筑设计

# Conception d'architecture

## Notice descriptive de travaux

### A. GENERALITES

La présente notice descriptive a pour objet de définir les conditions techniques et les prestations avec lesquelles sera construit le programme « GARDEN PARK », situé 62-66 Avenue Auguste Peneau à NANTES.

### B. CARACTERISTIQUES TECHNIQUES GENERALES (GROS OEUVRES)

### 1. Infrastructure

<u>1.1 Fouilles</u>

- Terrassements en pleine masse.
- Evacuation des déblais excédentaires hors du site.

<u>1.2 Fondations</u>

- Réalisation de fondations superficielles : massifs et/ou semelles suivant l'étude géotechnique.

## 2. MURS ET OSSATURES

2.1 Murs des sous-sols

  2.1.1 Murs périphériques
  • En béton armé brut, épaisseur suivant l'étude géotechnique.
  2.1.2 Murs de refends
  • En béton armé ou en maçonnerie, épaisseur suivant l'étude géotechnique.

2.2 Murs de façades et pignon extérieur

  • En béton armé ou maçonnerie en brique, épaisseur suivant le calcul.
  2.2.1 Revêtements extérieurs : enduit, teinte au choix de l'architecte sur les surfaces courantes.
  • Peinture pliolite sur les éléments ponctuels tels que rives, poteaux, bandeaux.
  2.2.2 Doublages intérieurs
  • Panneaux PLACOMUR® de PLACOPLATRE®, épaisseur suivant calcul thermique.

2.3 Murs porteurs à l'intérieur des locaux

  • En béton armé, épaisseurs suivant l'étude thermique.

2.4 Murs ou cloisons séparatifs

  • Entre locaux privatifs ou autres locaux (cages d'escaliers, gaines d'ascenseurs, locaux poubelles) : Murs en béton armé ou en parpaings avec doublage sur une face de mur (épaisseur suivant réglementations thermique et acoustique) ;

## 3. PLANCHERS

3.1 Dallage du Sous-sol

  • Dallage en béton armé avec cunettes périphériques pour récupération des eaux de suintement

### 3.2 Dalles du RDC (rez-de-chaussée)

- Dalle pleine en béton armé ou dalles de compression sur pré-dalle, épaisseur suivant le règlement acoustique en vigueur.

### 3.3 Sur étages courants

- Dalle pleine en béton armé ou dalles de compression sur pré-dalle. Avec chape acoustique, épaisseur suivant réglementation acoustique.

### 3.4 Balcons

- Dalles pleines en béton armé ou structure métallique forée en façade.

### 3.5 Terrasses accessibles, en attique

- Dalle pleine en béton armé, ou dalles de compression sur pré-dalle, épaisseur suivant le calcul.
- Isolation suivant l'étude thermique.

## 4. CLOISONS DE DISTRIBUTION

### 4.1 Entre pièces

- Cloisons PLACOPAN® 5A de PLACOPLATRE®, épaisseur 50 mm.

### 4.2 Gaines techniques des logements

- Cloisons PLACOSTIL® ou équivalent avec isolant phonique (épaisseur suivant réglementation acoustique).

## 5. TOITURES

### 5.1 Toiture terrasse (Bâtiment C D E)

- Dalles pleines en béton armé, ou dalles de compression sur pré-dalle, épaisseur suivant calculs du Bureau d'Étude Béton.
- Isolation suivant l'étude thermique.

## 5.2 Etanchéité et accessoires (Bâtiment C D E)

- Etanchéité de type multicouche compris, isolation thermique sur locaux chauffés par panneaux isolants suivant réglementation thermique.
- Fourniture et mise en place d'une végétalisation, type toundra ou équivalent, sur étanchéité suivant plan de localisation.

## 5.3 Charpente, couverture (Bâtiment A B)

- Charpente bois.
- Couverture type zinc ou métal ou équivalent, teinte suivant choix architecte.

## 5.4 Souches de ventilation

- En toiture, sortie des ventilations primaires, sortie des conduits chaudière, et autres conduits et réseaux.

## Lexique

l'infrastructure  *f.* （建筑物）下部结构

la fouille  挖掘

le terrassement  土方工程

l'évacuation  *f.* （土方）外运

le déblai  挖方

la réalisation  施工

la fondation superficielle  浅层地基

'étude géotechnique  *f.* 地勘报告

l'ossature  *f.* 框架

le mur périphérique  地下室外墙

le béton armé brut  清水混凝土

le refend  隔断

la maçonnerie  砌造

la brique  火砖

le revêtement  饰面

l'enduit  *m.* 抹灰

la teinte  上色

courant  *a.* 普通的

la peinture pliolite  丙烯酸树脂涂料

l'élément ponctuel  *m.* 尖角凸起部分

la rive  屋檐

le poteau  （构架中的）支柱

le bandeau  层间腰线

le doublage  保温层

le mur porteur  承重墙

la cloison  隔墙

privatif, ve *a.* 室内的

la cage d'escalier 楼梯井

la gaine d'ascenseur 电梯井

le plancher 楼板层

le dallage 铺面

la cunette 导水管

le suintement 渗出

la dalle 楼板

la dalle de compression 承压板

la pré-dalle 预制板

la chape acoustique 隔音层

foré *a.* 挑梁式的

la façade 面墙

le balcon 阳台

la terrasse 露台

l'attique *m.* 楼顶建筑物

la pièce 房间

la gaine technique 线路集成盒

la toiture 屋面

l'étanchéité *f.* 防水

la végétalisation 植被覆盖

la toundra 苔藓

la charpente 屋架

la souche de ventilation 屋顶通风管

le conduit 管道

la chaudière 锅炉

## Notes

1. **La notice descriptive de travaux 工程设计说明书：** 该说明书是开展建筑工程所必须的文件，它确定了要施工的工程内容、所使用的的材料和要安装的设备，且标明了工程施工应遵守的技术指标和施工工艺。该设计说明书必须附在合同后，在法律上作为合同不可分割的一部分，且应由建设方和施工方签字。

2. **Les travaux 与 l'ouvrage 的区别:** Les travaux 是指完工前的工程，而 l'ouvrage 是指建设完毕的工程。

3. **Le gros œuvre 主体工程：** 建筑主体工程的组成部分包括混凝土工程、砌体工程、钢结构工程。

4. **Terrassements en pleine masse 整体挖方：** 整体挖方是指在整个工程占地下方进行开挖，与其相对应的是局部挖方。

5. **La fondation et le soubassement 基础与墙基：** 基础是指建筑物地面以下的承重构件，它承受建筑物上部结构（通常是墙基）传下来的荷载，并把这些荷载连同本身的自重一起传给地基。而墙基是墙或建筑物的底座，通常是可见的。

6. **Le mur périphérique 地下室外墙：** 修建于基础底板上最外侧的一道地下混凝土墙，通常起到隔绝室外地下泥土水分，承载上层建筑的作用。如图一所示。

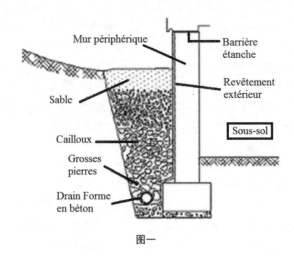

图一

7. **Le béton armé brut 清水混凝土**：直接利用混凝土成型后的自然质感作为饰面效果的混凝土。

8. **La peinture pliolite 丙烯酸树脂涂料**：一种专门用于粗糙墙面粉刷的油漆。同时，由于其附着力强，也常用于凸起或造型复杂部分。

9. **Le plancher, la dalle et le dallage 楼板层、楼板和铺面**：楼板层是指水平分割建筑空间的承重构件同时也包括横梁等部件；楼板是楼板层的一部分，是一块置于承重结构上的一块板状钢筋混凝土结构层，通常较厚，可达 20 厘米。而铺面是指覆盖在楼板上的一层地砖、水泥砂浆地面或水磨石地面等地面的统称。

10. **L'attique 楼顶建筑物**：建于建筑物楼顶，且建筑面积小于楼顶面积的一层建筑物。

11. **PLACOPAN®**：一种 PLACOPLATRE® 公司生产的一种专门用于室内隔墙的石膏和纸混合制成的材料。

12. **PLACOPLATRE®**：PLACOPLATRE® 是一家专门从事石膏产品和发泡聚苯乙烯的生产和销售的法国公司。

13. **La gaine technique 线路集成盒**：楼房中用于集中布置连通上下楼层的管线的通道，通常垂直于楼板（图二）。

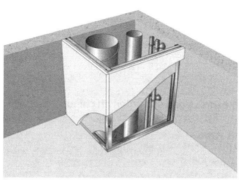

图二

14. PLACOSTIL®：一种 PLACOPLATRE® 公司提供的用于包住楼房中外露管道的解决方案，该方案采用了轻钢型材做龙骨，石膏板做饰面。

15. La ventilation primaire 主通气管：在设置建筑下水系统排气管道时，除了主通气管，通常还会设置一根副通气管（la ventilation secondaire）。主通气管用于排出化粪池等处的气体，副通气管用于引入清新空气以平衡管道压力，以免排气压力破坏洁具存水弯水封。

16. 主要建筑设计图纸有：楼层平面图（Le plan d'étage）、基础平面图（le plan de fondation）、屋架结构图（le plan de toiture）、剖面图（la section）、细部图（le détail）、建筑立视图（l'élévation du bâtiment）、外观效果图（le fini extérieur）、施工图（le plan d'exécution）。

---

**Exercices**

**1. Traduire les mots et les expressions suivants en français, et trouver les images correspondantes sur Internet et les afficher à côté du mot concerné.**

| | | |
|---|---|---|
| 屋面 | 挖方 | 锅炉 |
| 拦水墙 | 预制板 | 钢筋水泥 |
| 阳台 | 屋架 | 工程设计说明书地勘报告 |
| 山墙 | 保温层 | 电梯井 |
| 主体工程 | 面墙 | 隔墙 |

| | | |
|---|---|---|
| 防水 | 锅炉 | 承重墙 |
| 楼板层 | 楼面 | 饰面 |
| 层间腰线 | 清水混凝土 | |

## 2. Traduire les expressions suivantes en chinois.

(1) plans d'étage

(2) plans de fondation

(3) plans de charpente

(4) plans de toiture. Si fermes de bois, inclure dessins et devis du fabricant

(5) sections et détails

(6) élévation du bâtiment

(7) fini extérieur

(8) tout autre plan ou dessin qui pourrait être exigé de l'officiel en chef de la construction.

(9) plan d'exécution

A noter : l'officiel en chef de la construction peut décider que pas tous les plans ou spécifications requis et mentionnés ci-haut doivent accompagner la demande de permis, si les circonstances le justifient.

## 3. Traduire le texte suivant en chinois.

## A. PEINTURE

Les logements seront livrés entièrement terminés en peinture, avec travaux préparatoires nécessaires à la bonne qualité des prestations.

Peinture glycérophtalique sur ouvrage bois.

Projection gouttelette fine en plafonds et murs de toutes les pièces (sauf murs salle de bains)

## B. ASCENSEURS

Le sous-sol, le rez-de-chaussée et les étages seront desservis par un ascenseur conforme à la réglementation.

## C. TELECOMMUNICATION

Chaque appartement disposera d'une prise télévision (séjour), avec antenne collective.

L'équipement téléphonique de l'immeuble sera conforme aux prescriptions de France TELECOM avec 2 prises dans chaque appartement.

## D. AMENAGEMENTS EXTERIEURS - RESEAUX

L'immeuble sera livré entièrement terminé et raccordé aux divers réseaux publics suivants les prescriptions des administrations concernées.

## E. CONTROLE ET DIVERS

Les marques, les modèles et les dimensions des appareils, matériaux et équipements sont donnés à titre indicatif, le promoteur se réserve le droit de les remplacer par des équivalents (en cas de difficultés d'approvisionnement, de retrait d'agrément ou de nouvel agrément par le C.S.T.B.), dans les cas de force majeure et les impératifs techniques, tels que défaillance des fournisseurs, cessation de fabrication, rupture de stocks, dans les délais compatibles avec l'avancement du chantier.

Les indications portées sur les plans de vente concernant l'emplacement des appareillages tels que points lumineux, prises, appareils sanitaires, pourront être modifiés suivant les impératifs techniques.

Les teintes de peinture de façades seront déterminées avec le concours de la commission municipale.

Le choix des plantations sera déterminé par l'architecte après accord du

Maître d'Ouvrage et des services communaux.

Les travaux faisant l'objet de la présente notice descriptive seront contrôlés par un organisme agréé auprès des compagnies d'assurances.

Le Directeur des Travaux est mandaté pour régler, au nom des propriétaires, toutes les questions de détail que la présente notice descriptive n'aurait pas fixées d'une façon précise.

## Lecture

(suite du texte)

## 6. LOCAUX PRIVATIFS ET LEURS EQUIPEMENTS

### 6.1 SOLS ET PLINTHES

6.1.1 Sols et plinthes chambres et dégagements.

Revêtement de sol stratifié, pose flottante, plinthes assorties.

6.1.2 Sols et plinthes salles de bains et salles d'eau, WC, cuisines, séjours, entrées.

Carrelage en grès émaillé 30x30 pose droite, gamme de coloris au choix dans la gamme IRIS ou similaire, posé sur chape acoustique.

6.1.3 Sols des terrasses étanchées.

Dalles de béton posées sur plots, ou dalles caillebotis bois posées sur plots, ou platelage bois posé sur lambourdes selon plans.

Coloris au choix de l'architecte

6.1.4 Sols des terrasses jardin, non étanchées

Dalles de béton posées sur lit de sable.

Coloris au choix de l'architecte.

6.1.5 Sols des balcons

Dalles de béton posées sur plots, ou dalles caillebotis bois posées sur plots, ou platelage bois posé sur lambourdes.

Coloris au choix de l'architecte.

## 6.2 REVETEMENTS MURAUX (autres que enduits, peintures)

6.2.1 Salles de bains et salles d'eau

Faïences format moyen suivant modèle 20x30 ou 25x25 en grès émaillé, pose droite collée, gamme de coloris au choix, listel assorti, localisation suivant plan :

jusqu'à la hauteur d'huisserie, en périphérie des baignoires et des receveurs de douches,

en habillage vertical des façades de baignoires y compris trappe de visite,

en habillage sur retour des vasques si la cloison se situe à moins de 20 cm de la vasque (hauteur = 60 cm).

6.2.2 Cuisine

Faïences format 20x20 ou 15x15 en grès émaillé blanc, pose droite collée, localisation suivant plan :

3 rangs de faïence au-dessus des éviers compris retours suivant plans.

6.2.3 WC

Faïences format 20x20 ou 15x15 en grès émaillé blanc, pose droite collée

2 rangs de faïence au-dessus des lave-mains

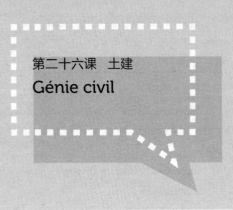

第二十六课 土建
# Génie civil

## Différentes étapes de la construction

### 1. Gros śuvres

[1.1 Installation de chantier]

[1.2 Excavation – Terrassements]

1.3 Fondation profonde si nécessaire

Nécessaire si vous envisagez de construire une cave – sous-sol pour votre maison. Faites attention aux coûts supplémentaires toutefois !

Les fondations peuvent être plus profondes si vous envisagez de construire une cave, un sous-sol. En effet, il faudra prévoir des coûts supplémentaires car le déblaiement du terrain sera plus long et plus volumineux. Il y aura aussi plus de terre à stocker sur les abords du chantier qui pourraient obstruer l'accès des engins de construction au chantier. Cette terre pourrait aussi devoir être transportée ailleurs, par manque de place sur le chantier.

Si vous envisagez de construire une cave ou un sous-sol, prévoyez donc des coûts supplémentaires car les fondations devront être plus solides, donc plus volumineuses pour soutenir le poids de la maison par après.

Une bonne isolation des murs de votre cave ou sous-sol est indispensable si vous voulez éviter les infiltrations d'eau, l'humidité, le froid, etc.

<u>1.4 Fondations superficielles</u>

Solides et adaptées à votre maison, les fondations doivent être bien délimitées sur votre terrain.

Tout d'abord, les fondations doivent toujours être hors gel, donc situées à une profondeur entre 60 et 100 centimètres, cette distance dépendant du type de sol et de la région, et ce si vous n'envisagez pas de construire une cave ou un sous-sol.

La semelle est donc coulée dans l'espace qui lui est réservé, qui se trouve être les délimitations de votre maison. Les fondations doivent être solides et bien adaptées au poids de votre maison.

<u>1.5 Maçonneries</u>

## 2. Isolation

L'isolation, c'est le bon investissement à faire pour votre habitation. Non seulement l'isolation permet de réduire les pertes d'énergie, mais elle contribue aussi au confort. Il faut toutefois garder à l'esprit qu'isoler n'est pas synonyme de calfeutrer. Une bonne ventilation reste nécessaire. En effet, l'isolation diminue les déperditions calorifiques, mais si elle n'est pas compensée avec une ventilation efficace, elle sera néfaste à un climat intérieur sain. Afin d'avoir une combinaison parfaite de ces deux systèmes, il suffit de respecter et d'appliquer les principes architecturaux de base.

(...)

[2.7 L'isolation des murs]
[2.8 L'isolation de la toiture]
[2.9 L'isolation du sol]
[2.10 L'isolation acoustique]

## 3. La menuiserie extérieure

C'est toute la beauté de votre habitation qui ressort au travers de la menuiserie extérieure. En effet, celle-ci ne peut dénoter du style architectural. Certes, il serait original de placer des châssis rouges sur une maison style Horta, mais est-ce vraiment le bon choix ? Autre choix capital, les matériaux. Ceux-ci doivent correspondre à différents critères. L'isolation et l'entretien entrent bien entendu en ligne de compte. Lors du choix de la taille des ouvertures et de leur placement, veillez à la sécurité. Il ne faudrait pas que vos portes et fenêtres deviennent le passage favori des hôtes indésirables... La menuiserie extérieure n'est donc pas à prendre à la légère.

[3.1 Portes et châssis en PVC]

[3.2 Portes et châssis en aluminium]

[3.3 Portes et châssis en bois]

[3.4 Portes et châssis en polyuréthane]

[3.5 Portes et châssis en acier]

[3.6 Les systèmes de protection des portes]

[3.7 Les systèmes de protection des fenêtres]

[3.8 La quincaillerie]

[3.9 L'isolation]

[3.10 Le vitrage]

[3.11 La fenêtre de toit et la coupole]

[3.12 La porte de garage et le car-port]

## 4. La toiture

« Avoir un toit au-dessus de la tête» prend tout son sens lorsque l'on sait que la toiture est un des éléments essentiels de votre habitation. Non seulement elle en fixe le caractère architectural, mais elle joue également un rôle prépondérant dans son isolation. En effet, la chaleur doit être maintenue à l'intérieur, et si votre toit n'est pas correctement isolé, c'est peine perdue. Pour éviter ce problème, demandez à votre architecte le meilleur compromis entre l'esthétique et le rendement. Celui-ci vous fera sans doute plusieurs propositions allant de la toiture plate à inclinée, de deux à quatre pans, en passant par les tuiles, les ardoises ou encore les toitures métalliques.

[4.1 La toiture à deux pentes]

[4.2 Tuiles ou ardoises ?]

[4.3 Les toitures métalliques]

[4.4 Les autres couvertures de toit]

[4.5 Les toits plats]

[4.6 Les gouttières et tuyaux de descente]

[4.7 L'entretien de la toiture]

[4.8 Les fenêtres de toit]

(...)

## 8. Le plâtrage

Il existe deux façons d'appliquer l'enduit de plâtre, manuellement ou à l'aide d'une machine. Actuellement, le plafonnage est surtout mécanique car il est plus facile à réaliser. Notez toutefois que sur le plan de qualité, les deux types de plafonnage se valent parfaitement.

[8.1 Les plâtres et les enduits]

[8.2 Comment plâtrer un mur ?]

[8.3 Comment poser des plaques de plâtre ?]

## 9. Les revêtements de sol

Le choix du revêtement de sol de votre habitation n'est pas facile à effectuer. Il y a tellement de tentations, d'effets de mode et de matériaux, que même un entrepreneur ou un architecte pourrait y perdre la tête. L'achat d'un revêtement de sol reste un investissement à moyen et long terme. Votre décision finale doit donc se baser sur des critères précis comme l'usage et l'entretien. Posez-vous les bonnes questions et comparez les divers matériaux avec un professionnel.

[9.1 La chape]

[9.2 Les normes de revêtements]

[9.3 Les pierres naturelles]

[9.4 Les carreaux céramiques]

[9.5 Les parquets massifs]

[9.6 Les parquets laminés]

[9.7 Les parquets stratifiés]

[9.8 Les parquets contrecollés]

[9.9 Le liège]

[9.10 La moquette]

[9.11 Le tapis de pierres]

[9.12 Le linoléum]

[9.13 Le vinyle]

[9.14 Les sols en béton lissé et béton poli]

## 10. La finition des murs et des sols

Que choisir pour son intérieur, peinture ou papier peint? Il y a quelques mois, la réponse aurait été donnée sans aucune hésitation: peinture! Pour son côté lisse, brillant et minimaliste, sa facilité d'entretien et sa résistance··· Mais aujourd'hui, le papier peint fait son grand retour. Un seul pan de mur, une simple bande, en alternance··· Le papier peint permet de créer, d'innover et offre un large choix de couleurs et de motifs. Il n'est donc pas évident de se décider.... Quant au choix du revêtement de sol de votre habitation, ce n'est pas plus facile à effectuer. Il y a tellement de tentations, d'effets de mode et de matériaux, que même un entrepreneur ou un architecte pourrait y perdre la tête.

## 11. La menuiserie intérieure

On appelle menuiserie intérieure les portes et les escaliers qui se trouvent à l'intérieur de l'habitation. Au fil des ans, les matériaux placés ont évolués.

Et même si le bois est omniprésent, on retrouve de plus en plus de verre, de métal et d'inox. Outre ce changement de matériaux, on peut également retenir l'intégration, quasi naturelle, des portes coulissantes dans les nouvelles constructions.

(...)

## Lexique

délimiter *vt.* 划定界限

l'aqueduc *m.* 引水道

le déblaiement 挖（方）

obstruer *vt.* 堵塞

la délimitation 划界限

calfeutrer *vt.* 堵塞（门窗）缝隙

la déperdition 消耗

l'esthétique *f.* 美学

la coupole 圆屋顶

le car-port 停车棚

la gouttière 天沟

le plâtrage 抹灰

la chape 找平层

les parquets laminés 强化木地板

les parquets stratifiés 多层实木地板

les parquets contrecollés 实木复合地板

le parquet massif 实木地板

le liège 软木地板

la cote 份额

le tapis de pierres 拼石地面

le linoléum 亚麻油地板胶

le vinyle （乙烯基）地板胶

les sols en béton lissé 压光水泥地面

les sols en béton poli 水磨地面

minimaliste *a.* 简洁的

le motif 装饰图案，花样

## Notes

1.  **Lambda :** (majuscule Λ, minuscule λ) 希腊字母，蓝布达。热绝缘特性将起到三个作用，热传导率的特性用 Lambda 的值来表示。热传导率是物资进行热传播的能力。Lambda 值越小，物体的热绝缘性越好。这个标准是在实验室里，根据 ISO 8301 的标准，在 10 摄氏度的条件下测定的，这个值的单位是 W/m.K。如果一个物体的 Lambda 值小于 0.065W/m.K，我们就可以认为这个物体是热的绝缘体。

2.  **Par après :** dans la suite

## 1. Traduire les mots suivants en chinois et trouver les images correspondantes sur Internet et les afficher à côté du mot concerné.

1. le car-port

2. La gouttière

3. la chape

4. les parquets laminés

5. les parquets stratifiés

6. les parquets contrecollés

7. le parquet massif

8. l e liège

9. le tapis de pierres

10. le linoléum

11. le vinyle

12. les sols en béton lissé

13. les sols en béton pol

## 2. Traduire le texte suivant en français.

### XX 医院综合楼工程施工进度计划表

合同工期：2007 年 8 月 10 日至 2007 年 11 月 30 日竣工

| 编号 | 工程内容 | 工程开始时间 | 工程结束时间 | 所需天数 | 备注 |
|---|---|---|---|---|---|
| 1 | 旧房拆除 | 2007.8.10 | 2007.8.19 | 9 | |
| 2 | 施工放线、挖地槽、验槽 | 2007.8.20 | 2007.8.25 | 5 | |
| 3 | 基础工程 | 2007.8.26 | 2007.9.8 | 14 | |
| 4 | 一层主体 | 2007.9.9 | 2007.9.22 | 14 | |
| 5 | 二层主体 | 2007.9.23 | 2007.10.6 | 14 | |
| 6 | 三层主体 | 2007.10.7 | 2007.10.14 | 8 | |
| 7 | 内墙装饰 | 2007.10.7 | 2007.10.30 | 23 | 穿插进行 |
| 8 | 外墙装饰 | 2007.10.7 | 2007.10.27 | 20 | 穿插进行 |
| 9 | 楼地面工程 | 2007.10.20 | 2007.11.5 | 20 | 穿插进行 |
| 10 | 门窗工程 | 2007.10.10 | 2007.11.5 | 25 | 穿插进行 |
| 11 | 水电暖工程 | 2007.8.26 | 2007.11.15 | 82 | 穿插进行 |
| 12 | 室外台阶散水 | 2007.10.27 | 2007.11.15 | 18 | 穿插进行 |
| 13 | 内外墙粉刷 | 2007.10.25 | 2007.11.20 | 25 | 穿插进行 |
| 14 | 竣工清理 | 2007.10.30 | 2007.11.20 | 20 | 穿插进行 |
| 15 | 验收交工 | | 2007.11.28 | | |

## 3. Traduire le texte suivant en chinois.

2.7 L'isolation des murs

L'isolation des murs est importante pour éviter les déperditions de chaleur et économiser de l'énergie. Mais comment construire les murs pour bénéficier d'une isolation efficace ? Comment bien placer le matériau isolant ?

2.8 L'isolation de la toiture

Le toit étant notre principal moyen de protection contre le vent, la pluie et le froid, une bonne isolation est indispensable.

2.9 L'isolation du sol

L'isolation de sol est indispensable au-dessus du niveau du sol ou d'une pièce non chauffée comme la cave. Sur le plan acoustique, isoler les sols situés entre deux niveaux chauffés peut être très intéressant.

2.10 L'isolation acoustique

L'isolation acoustique consiste à maintenir le bruit, autant que possible, à l'extérieur d'un espace déterminé.

## Lecture

L'installation du chantier est assez laborieuse. Seront amenés sur le terrain, bureaux, sanitaires, engins de construction, matériaux, ⋯

L'installation de chantier comprend plusieurs choses : l'installation des bureaux, vestiaires, sanitaires, abris pour matériaux et le matériel. Des engins de construction sont également amenés sur le chantier et évidemment les matériaux nécessaires à la construction de la maison.

Les surfaces disponibles pour l'installation de chantier sont mentionnées sur les plans de construction de votre maison.

Les véhicules de construction doivent suivre un plan de circulation, mis en place par les services de police, pour accéder au chantier, afin d'éviter de bloquer ou ralentir la circulation routière.

Le nettoyage de la route, les éventuels dégâts seront à charge de l'entrepreneur, qui doit prévoir tels genres de frais dans sa note. En effet, les engins de construction sont assez lourds et encombrants et risquent d'abîmer la chaussée et les trottoirs.

Lors de l'installation de chantier, les raccordements au réseau (eau, électricité, gaz, téléphone, télédistribution, égouts) seront effectués (toujours hors gel).

Toutes les installations créées pour les biens du chantier (passerelles, échafaudages, fondations, pieux, ...) doivent être détruites à la fin du chantier.

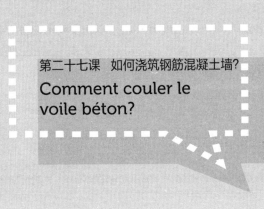

第二十七课 如何浇筑钢筋混凝土墙?

# Comment couler le voile béton?

## 1. Sécurité

La phase de mise en œuvre du béton doit être réalisée dans le respect des règles habituelles de sécurité, par un personnel formé et habilité.

Le port des Equipements de Protection Individuelle est impératif : casque, lunette, gants, chaussures de sécurité et vêtements adaptés.

**chausson** MATÉRIAUX

Fiche MEMO **ISOLASUP**

## Coulage du voile béton

**Sécurité :**

La phase de mise en œuvre du béton doit être réalisée dans le respect des règles habituelles de sécurité, par un personnel formé et habilité.
Le port des Equipements de Protection Individuelle est impératif : casque, lunette, gants, chaussures de sécurité et vêtements adaptés.

**Caractéristiques du béton, équipement de mise en œuvre et volume :**

- Le béton doit provenir d'une centrale de Béton Prêt à l'Emploi et avoir les caractéristiques suivantes : **Béton C25/30 de Granulométrie maxi 10 mm et de Fluidité S4.**

- **Utilisation impérative d'une pompe de type ROTOR** pour une plus grande régularité et un meilleur contrôle du débit.

- Le **volume de béton** à mettre en œuvre est fonction de la surface de mur à remplir :
  - ISOLASUP voile de 14 : 140 l/m²
  - ISOLASUP Evolution voile de 15 : 150 l/m²

**Méthode de coulage :**

En sus de l'opérateur pompe, la phase de coulage nécessite 2 personnes :
  - Une personne sur l'échafaudage qui manie la manchette de coulage du béton,
  - Une personne au sol qui évalue la hauteur de béton dans le coffrage et qui indique les déplacements nécessaires à l'opérateur sur échafaudage.

Le **coulage débute à 1 mètre d'un angle, au droit d'un étai ISOLASUP**. Le jet doit éviter au maximum de frapper les entretoises. Privilégier la projection sur l'intérieur de la paroi interne du mur avec un angle de 15° par rapport à la verticale de façon à briser le jet.

Lorsque la hauteur de béton atteint 80 cm, l'opérateur au sol demande le déplacement de la manchette jusqu'au droit de l'étai suivant, et ainsi de suite jusqu'à parcourir toute la périphérie de l'ouvrage.

La **deuxième passe n'est lancée que lorsque la prise du béton de la première passe est engagée.**
Cette deuxième passe et les suivantes sont réalisées selon la même méthode en respectant toujours une hauteur de 80 cm maxi par passe.

La bonne coordination entre les 2 opérateurs et le respect de la hauteur maxi par passe sont l'assurance d'un bon coulage.

**chausson** MATÉRIAUX

**Points particuliers :**

- Le **remplissage des allèges** sous les ouvertures est effectué en versant le béton directement (seau ou goulotte) via l'allège elle-même.
  Veiller à maintenir le niveau du béton pour assurer la mise en place ultérieure des pièces linteau pour l'isolation sous appuis.

- L'**étaiement des linteaux d'ouverture** doit être particulièrement soigné. Tenir compte du poids du voile béton au coulage (500 kg/ml pour une hauteur de 1 ml) et caler en conséquence (bastaing et pieds droit en intérieur et extérieur) pour parer tout fléchissement.

- Dans le cas d'ouvertures avec coffre de volet roulant ou Modules Coffre ISOLASUP Evolution, l'étaiement doit porter sur un bastaing positionné **DANS LE COFFRE LUI-MÊME, EXACTEMENT SOUS L'EMPLACEMENT DU VOILE BÉTON.**
  Le calage du coffre ne doit en aucun cas être réalisé sous les parois du coffre.

- **Coulage des pignons :**
  - Habituellement sans difficulté particulière jusqu'à 30 % de pente.
  - Au-delà de 30 % de pente, préparer des plaques de contreplaqué marine en ép. 12 mm, de la largeur du mur pignon et de longueur environ 1 ml.
    Fixer une première plaque sur chaque bas de pente du pignon et procéder au coulage.
    Lorsque le niveau supérieur des plaques est atteint, mettre en place une seconde planche et procéder au coulage de la deuxième passe seulement après début de prise suffisante de la passe précédente.
    Procéder ainsi jusqu'à la pointe des pignons. Les planches de coffrages seront déposées après prise du béton.

**Dépose des étais :**

La dépose des étais ne doit être réalisée qu'à l'issue du temps de prise nécessaire.
**Respecter au minimum un délai de 96 heures après coulage.**
Le nettoyage des étais doit être réalisé au plus tôt pour les restituer en état :
  - Elimination de la laitance
  - Nettoyage des filetages haut et bas des tirant-poussant au gas-oil.

**Instructions particulières :**

- **Avant coulage, vérifier l'aplomb et l'alignement des murs**
  - Respect impératif des caractéristiques du béton
  - Vibrage proscrit
  - Hauteur MAXI par passe 80 cm

## 2. Caractéristiques du béton, équipement de mise en śuvre et volume

- Le béton doit provenir d'une centrale de Béton Prêt à l'Emploi et avoir les caractéristiques suivantes : Béton C25/30 de Granulométrie maxi 10 mm et de Fluidité S4 ;
- Utilisation impérative d'une pompe de type ROTOR pour une plus grande régularité et un meilleur contrôle du débit ;
- Le volume de béton à mettre en œuvre est fonction de la surface de mur à remplir :
  - √ ISOLASUP voile de 14 : 140 l/m²
  - √ ISOLASUP Evolution voile de 15 : 150 l/m²

## 3. Méthode de coulage

En sus de l'opérateur pompe, la phase de coulage nécessite 2 personnes :

- Une personne sur échafaudage qui manie la manchette de coulage du béton ;
- Une personne au sol qui évalue la hauteur de béton dans le coffrage et qui indique les déplacements nécessaires à l'opérateur sur échafaudage.

Le coulage débute à 1 mètre dtun angle, au droit d'un étai ISOLASUP. Le jet doit éviter au maximum de frapper les entretoises. Privilégier la projection sur l'intérieur de la paroi interne du mur avec un angle de 15° par rapport à la verticale de façon à briser le jet.

Lorsque la hauteur de béton atteint 80 cm, l'opérateur au sol demande le déplacement de la manchette jusqu'au droit de l'étai suivant, et ainsi de suite jusqu'à parcourir toute la périphérie de l'ouvrage.

La deuxième passe n'est lancée que lorsque la prise du béton de la première passe est engagée.

Cette deuxième passe et les suivantes sont réalisées selon la même méthode en respectant toujours une hauteur de 80 cm maxi par passe.

La bonne coordination entre les 2 opérateurs et le respect de la hauteur maxi par passe sont l'assurance d'un bon coulage.

## 4. Points particuliers

- **Le remplissage des allèges** sous les ouvertures est effectué en versant le béton directement (seau ou goulotte) via l'allège elle-même. Veiller à maintenir le niveau du béton pour assurer la mise en place ultérieure des pièces linteau pour l'isolation sous appuis ;
- **L'étaiement des linteaux d'ouverture** doit être particulièrement soigné. Tenir compte du poids du voile béton au coulage (500 kg/ml pour une hauteur de 1 ml) et caler en conséquence (bastaing et pieds droit en intérieur et extérieur) pour parer tout fléchissement ;
- **Dans le cas d'ouvertures avec coffre de volet roulant ou Modules Coffre ISOLASUP Evolution**, l'étaiement doit porter sur un bastaing positionné **DANS LE COFFRE LUI-MÊME, EXACTEMENT SOUS L'EMPLACEMENT DU VOILE BETON** ;
- Le calage du coffre ne doit en aucun cas être réalisé sous les parois du coffre ;
- **Coulage des pignons :**
  - √ Habituellement sans difficulté particulière jusqu' à 30 % de pente ;
  - √ Au-delà de 30 % de pente, préparer des plaques de contreplaqué marine en ép. 12 mm, de la largeur du mur pignon et de longueur environ 1 ml.

Fixer une première plaque sur chaque bas de pente du pignon et procéder au coulage.

Lorsque le niveau supérieur des plaques est atteint, mettre en place une seconde planche et procéder au coulage de la deuxième passe seulement après début de prise suffisante de la passe précédente.

Procéder ainsi jusqu'à la pointe des pignons. Les planches de coffrages seront déposées après prise du béton.

## 5. Dépose des étais

La dépose des étais ne doit être réalisée qu'à l'issue du temps de prise nécessaire.

**Respecter au minimum un délai de 96 heures après coulage.**

Le nettoyage des étais doit être réalisé au plus tôt pour les restituer en état :

- Elimination de la laitance ;
- Nettoyage des filetages haut et bas des tirant-poussant au gas-oil.

## 6. Instructions particulières

- Avant coulage, vérifier l'aplomb et l'alignement des murs
- Respect impératif des caractéristiques du béton
- Vibrage proscrit
- Hauteur MAXI par passe 80 cm

## Lexique

le centrale de béton  混凝土搅拌站

le béton prêt à l'emploi  商品混凝土

la granulométrie  粒度

l'échafaudage  *m.* 脚手架

la manchette  套筒

le coffrage  模板

l'angle  *f.* 转角

l'étai  *m.* 支架

le jet  浇注

l'entretoise  *f.* 撑杆

la périphérie  表面

la passe  一轮（浇筑）

la prise  凝固

l'allège  *f.* 窗肚墙

la goulotte  给料槽

le linteau  过梁

l'isolation  *f.* 绝缘

l'étaiement  *m.* （用支柱）支撑

ml (le mètre linéaire)  延米

caler  *vt.* 加垫块固定

le bastaing  *m.* 板条

parer  *vt.* 去除不合适部分

le fléchissement  弯曲

la pente  坡度

le contreplaqué marine  胶合板

ép. (l'épaisseur)  *f.* 厚度

la planche  木板

déposer  *vt.* 拆卸

restituer  *vt.* 恢复

l'élimination  *f.* 除去

la laitance  薄水泥浆

le tirant-poussant  轨距拉杆

l'aplomb  *m.* 铅直

l'alignement  *m.* 排成直线

le vibrage  振捣

proscrit, e  *a.* 被禁止的

1. Le béton prêt à l'emploi 商品混凝土：也称预拌混凝土，施工方无需再加工，可直接使用。

2. Béton C25/30 ：字母 C 指 "混凝土强度"，C25/30 是欧洲标准表示混凝土等级的方法。与我国 C30 混凝土同级。« C » signifie « la Classes de résistance à la compression », le béton C25/30 est un béton courant. Il s'utilise pour construire une dalle ou une fondation classique.

3. Une pompe de type ROTOR 旋片泵：如图 (Fig.1)。

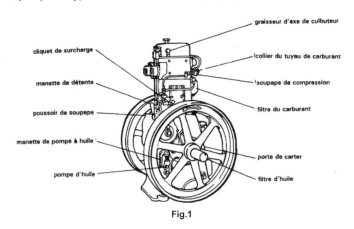

cliquet de surcharge

manette de détente

poussoir de soupape

manette de pompe à huile

pompe d'huile

graisseur d'axe de culbuteur

collier du tuyau de carburant

soupape de compression

filtre du carburant

porte de carter

filtre d'huile

**Fig.1**

4. ISOLASUP 混凝土保温砖：
« ISOLASUP voile de 14 : 140 l/m² » 译为："使用混凝土保温砖浇筑宽度为 14cm 的钢筋混凝土墙：每平方使用 140L 混凝土。" 见图 (Fig.2)。

5. Un bastaing ou basting 板条：est un produit rectangulaire du sciage du bois qui a une épaisseur entre 55 et 65 millimètres et une largeur entre 155 et 185 millimètres.

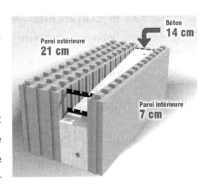

Béton
**14 cm**

Paroi extérieure
**21 cm**

Paroi intérieure
**7 cm**

**Fig.2**

6. **30 % de pente 30% 的坡度**：坡度（pente）是地表单元陡缓的程度，通常把坡面的垂直高度 h 和水平距离 l 的比叫做坡度（或叫做坡比）。

7. **Le contreplaqué marine 胶合板**：l'expression « contreplaqué marine » née à cette époque est au mieux une appellation commerciale vague, non encadrée par une norme précise.

8. **Le tirant-poussant 轨距拉杆**：是用一根杆件在轨底将两根钢轨连接起来，以提高钢轨的横向稳定性，提高轨道保持轨距的能力。如图 (Fig.3).

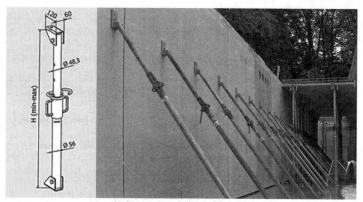

**Fig.3**

**1. Traduire les mots et les expressions suivants en français, et trouver les images correspondantes sur Internet et les afficher à côté du mot concerné.**

| | | |
|---|---|---|
| 支架 | 混凝土 | 钢筋混凝土墙 |
| 混凝土强度 | 过梁 | 圈梁 |
| 模具 | 撑杆 | 凝固 |
| 浇筑 | 一轮（浇筑） | 脚手架 |
| 混凝土拌合站 | 粒度 | 胶合板 |
| 振捣 | 山墙 | 坡度 |
| 轨距拉杆 | 板条 | 拆卸 |
| 商品混凝土 | | |

## 2. Traduire le tableau suivant en chinois.

| Types de béton | Caractéristiques | Exemples de dosages pour 1m³ de béton | Applications |
|---|---|---|---|
| Le béton léger | Composé de granulats de faible densité, utilisation éventuelle d'adjuvants entraîneurs d'air. | Ciment : 400 kg ; Billes PSE : 350 L ; Sable : 950 kg ; Eau : 170 L ; Adjuvant : 1 à 4% | Hourdis, cloisons, réhabilitation de bâtiment anciens, remplissages |
| Le béton lourd | Composé de granulats de densité élevée (plomb, magnétite, hématite) | Ciment : 250 kg ; Hématite 0/1 mm : 1000 kg ; Hématite 0/5 mm : 900 kg ; Hématite 8/25 mm : 1700 kg ; Eau : 120 L | Protection contre les radiations, réalisation de contrepoids |
| Le béton auto-plaçant | Ajout d'adjuvants tels que des superplastifiants et des agents de viscosité dans la composition. Béton très fluide se mettant en place sans avoir recours à un système de vibration. | Ciment : 350 kg ; Sable : 800 kg ; Gravillons : 900 kg ; Fines 200 kg ; Eau : 180 L | Radier, fondations, sols industriels |
| Le béton fibré | Ajout de fibres de nature, dimension et forme différentes. Réparties de manière homogène dans le mélange, ces fibres améliorent certaines caractéristiques du béton (résistance à la traction, tenue au feu). | | Dalles, sols industriels, poutres, tuyaux |
| Les bétons décoratifs | Leur composition évolue en fonction des caractéristiques recherchées. | Béton lavé : Ciment : 300 kg ; Granulat : 800 kg ; SAble semi-fin : 400 L ; Eau : 160 L | Murs, terrasses, dalles, allée, trottoirs |
| Les bétons hautes performances | Bétons aux résistances accrues, très peu poreux. Plus durables. | Dépend du BHP | Ponts, centrales nucléaires, ouvrages de grande ampleur |

## Méthode générale de mise en œuvre

1. Pré-requis : Les attentes de ferraillage sont en place, positionnées en tenant comptes des caractéristiques de l'ouvrage (voir point 1), conformément aux règles en vigueur et aux prescriptions de l'étude béton armé. La planéité du support aura été contrôlée. Si nécessaire, une arase hydrofugée aura été réalisée pour éliminer les défauts de planéité supérieur à 1cm sous une règle de 2ml.

2. Traçage et repérage au sol : Tracer sur la dalle au cordeau marqueur, les limites intérieures de l'ouvrage en tenant compte de l'éventuel débord de mur en extérieur ainsi que du pas directeur de 7,5cm : la longueur des murs entre 2 angles droits doit être multiple de 7,5cm. L'emplacement du futur voile béton doit être positionné en alignement de la structure porteuse. Repérage au sol de la position des différentes ouvertures en indiquant leur largeur tableau brut et leur hauteur d'allège. Contrôle de l'horizontalité du support et repérage du point haut.

3. Mise en place du premier rang : Les blocs du premier rang doivent être pré assemblés avant leur mise en place. Commencer la pose par un bloc entier à l'angle situé au point haut puis aligner les blocs sur le repère tracé au bleu, jusqu'à l'angle suivant.

第二十八课 堤坝

# Barrage

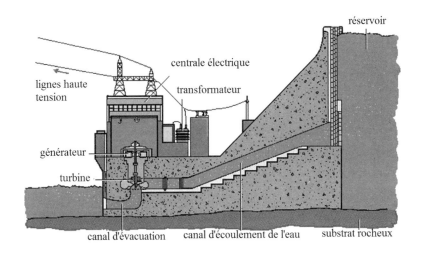

réservoir

centrale électrique

lignes haute tension

transformateur

générateur

turbine

canal d'évacuation    canal d'écoulement de l'eau    substrat rocheux

## 1. Construction

### 1.1 Le barrage

La construction d'un barrage nécessite la mise à sec et la préparation des fondations. L'assèchement est réalisé au moyen d'un ou de plusieurs batardeaux, digues ou barrages provisoires, généralement réalisés en enrochements ou constitués d'un barrage-voûte de faibles dimensions.

Les aménagements sont érigés en amont, et parfois de chaque côté de l'emplacement de l'ouvrage. Ils détournent la rivière pendant la construction au moyen de conduites, de galeries ou de canaux de dérivation. Les tunnels ainsi formés sont souvent transformés et réutilisés après l'achèvement de l'ouvrage.

Si les conditions topographiques empêchent la réalisation de canaux de dérivation, un barrage peut être construit en deux étapes. On établit alors un batardeau sur la moitié de la largeur de la rivière, pendant la construction de la partie basse du barrage. Ce batardeau est ensuite enlevé et un second est établi autour de la partie opposée du site. L'élaboration de grands barrages peut s'étendre sur une période dépassant la dizaine d'années. La possibilité d'inondations importantes pendant la période de détournement est un risque à envisager.

## 1.2 Les bassins de rétention

L'eau qui retourne à la rivière en aval du barrage ne doit pas avoir la possibilité de creuser ou d'éroder ni le lit de la rivière, ni d'affecter la fondation du barrage par effet de cavitation. Ainsi, des plans d'eau, appelés bassins de rétention, sont prévus pour réduire la vitesse de l'eau, et donc son énergie cinétique. Ces bassins constituent un élément majeur du barrage. Le bassin en tablier et le bassin à chocs sont des structures courantes, permettant de diminuer l'énergie élevée de la chute de l'eau. Dans le bassin-tablier, la vitesse importante du courant peu profond issu du barrage est transformée en courant profond de faible vitesse, qui se décharge le long d'un tablier en béton horizontal ou en pente, s'étendant en aval à partir de la base du barrage. Dans le type de construction avec bassin à chocs, l'extrémité du barrage est formée de manière à détourner le débit important vers le haut, loin du lit de la rivière. La « secousse » résultante limite l'énergie destructrice de l'eau.

## 1.3 Surveillance de l'ouvrage

On doit repérer les fuites et les suintements éventuels, ainsi que les déformations et les fissures : il s'agit de l'auscultation de l'ouvrage, qui s'effectue après l'achèvement des travaux et parfois même au cours de la construction. On utilise des procédés topographiques pour déterminer les zones de déplacement superficielles de l'ouvrage ; on mesure les déplacements internes au moyen de tassomètres et de clinomètres pour les barrages en matériaux meubles, et par pendule pour les ouvrages en béton ; on évalue les déformations, les débits de fuite, les pressions interstitielles, les contraintes.

## 2. Ouvrages annexes

Un barrage est érigé avec des ouvrages annexes, qui assurent l'évacuation des crues, la vidange et la prise d'eau.

### 2.1 Évacuateurs de crues ou déversoirs

Lorsque le niveau normal du réservoir de retenue est atteint, des déversoirs sont prévus pour garantir le non-dépassement de ce niveau. Ils doivent laisser passer sans dommage les plus grosses crues. Ainsi, on les appelle parfois des évacuateurs de crues. Un déversoir est donc nécessaire pour évacuer le surplus du débit sans risquer d'endommager le barrage, la centrale électrique ou le lit de la rivière en aval du barrage. Le type le plus courant de déversoir est le dégorgeoir. Pour permettre une utilisation maximale du volume de la réserve, des vannes mobiles sont parfois installées au-dessus de la crête (sommet du barrage), afin de réguler le surplus. Dans les barrages, comme celui du Mississippi, les déversoirs de crues ont une telle importance que le dégorgeoir occupe la largeur entière du barrage, et la structure globale apparaît comme une succession de piles verticales, supportant des vannes mobiles. La glissière, autre type de dégorgeoir, est un large chenal à pente douce en béton, construit généralement aux extrémités d'un barrage de remblai de hauteur moyenne.

Le type de déversoir dépend parfois de la topographie du site sur lequel le barrage est construit. Dans les vallées étroites, par exemple, les parois des barrages sont généralement trop escarpées pour qu'on puisse y installer des déversoirs de type dégorgeoir. Le barrage Hoover, sur le fleuve Colorado, aux États-Unis, est équipé d'un déversoir en forme de puits. Les puits déversoirs sont adaptés aux barrages dans des zones de drainage restreint, où les inondations sont rarissimes. Dans ces déversoirs, un puits vertical en amont du barrage évacue l'eau du réservoir lorsque le niveau est trop haut. Le puits vertical est raccordé à un conduit horizontal, en travers du barrage, qui mène à la rivière située plus bas.

## 2.2 Ouvrages provisoires d'évacuation

Des galeries et des puits de drainage sont creusés dans la masse du barrage pour collecter et évacuer les eaux qui pourraient s'infiltrer dans le corps de l'ouvrage et diminuer ainsi la sous-pression. Les galeries de drainage (réparties sur plusieurs niveaux) acheminent les eaux recueillies par les puits de drainage jusqu'aux rives et dans les profondeurs de la roche d'assise.

## 2.3 Prises d'eau

Outre les déversoirs, des ouvrages d'évacuation sont nécessaires pour extraire l'eau du réservoir en continu. Cette eau est renvoyée à la rivière en aval du barrage ou fournit de l'énergie hydroélectrique via des turbines ; on peut également l'utiliser pour irriguer ou alimenter les grandes villes. L'évacuation des barrages est réalisée au moyen de tuyaux et de galeries, avec des canaux placés à côté du niveau minimal du réservoir. De tels canaux sont pourvus de portes et de vannes permettant de réguler le débit.

## 2.4 Vidanges de fond

Les barrages sont généralement équipés d'un ouvrage de vidange, construit au fond de la retenue d'eau. Celui-ci doit pouvoir vider la retenue en huit ou dix jours en cas de danger, ou lors du contrôle, de l'entretien, ou de la réparation du barrage et de ses constructions annexes. Lorsque le barrage sert à produire de l'électricité, l'usine hydroélectrique fait partie des ouvrages annexes. Elle est le plus souvent séparée du barrage ; parfois, elle est intégrée dans le corps de la construction.

le transformateur 变压器

la turbine 水轮机

le canal 隧洞

le canal d'évacuation de l'eau 尾水隧洞

le canal d'écoulement de l'eau 引水隧洞

le réservoir 水库

le substrat rocheux 基岩

l'assèchement 截流

le batardeau 围堰

la digue 水堤

le barrage 水坝

l'enrochement 毛石

le barrage-voûte 弧形坝

l'amont *m.* 上游

détourner *vt.* 使改道

la conduite 导水管

la galerie 导水洞

le canal de dérivation 导流明渠

topographique *a.* 地形的

enlever *v.t.* 拆除

l'élaboration *f.* 建设

le bassin de rétention 消力池，调整池

l'aval *m.* 下游

creuser *vt.* 冲磨

le lit 河床

l'effet de cavitation *m.* 空蚀作用

courant, e *a.* 常见的

le bassin à chocs 消力槛式消力池

le bassin en tablier 下降式消力池

l'extrémité *f.* 端头

la fuite 漏水

le suintement 渗水

l'auscultation *f.* 检测

le tassomètre 沉降观测仪

le clinomètre 测斜仪

la pendule 线锤

la pression interstitielle 孔隙水压力

la contrainte 应力

les crues *f.pl.* 洪峰

la vidange 清淤

l'évacuateur de crues *m.* 泄洪闸

le déversoir 溢流

le dégorgeoir 溢洪道

la crête 坝顶

le surplus 多余水量

la glissière 陡槽式溢洪道

le barrage de remblai 土石坝

le puits 竖井

la sous-pression （受到的）压力

l'assise *f.* 基层

hydroélectrique *a.* 水力发电的

l'évacuation *f.* 排水

la retenue d'eau 蓄水池

1. La digue et le barrage 堤和坝：堤是用于控制水流方向；坝的目的则是蓄水，以控制水量为主。

2. L'enrochement 毛石：是不成形的石料，处于开采以后的自然状态。

3. La pression interstitielle 孔隙压力：通过土壤或岩石中的孔隙水而传递的压力。亦称孔隙水压。

4. Le déversoir 溢流：是水坝用于调节水库蓄水位和下泄流量的方式。通常采用坝顶溢流、坝面溢流、大孔口坝面溢流等形式。

**Exercices**

**1. Traduire les mots et les expressions suivants en français, et trouver les images correspondantes sur Internet et les afficher à côté du mot concerné.**

| | | |
|---|---|---|
| 截流 | 围堰 | 上游 |
| 改道 | 引水洞 | 冲磨 |
| 空蚀作用 | 渗水 | 泄洪闸 |
| 洪峰 | 水力发电的 | 闸门 |
| 溢流 | 河床 | 管道 |
| 蓄水 | 竖井 | 水轮机 |
| 河床 | 泄洪 | |

**2. Traduire le texte suivant en chinois.**

Il existe des barrages en maçonnerie ou en béton et des barrages en matériaux meubles. Les premiers appartiennent à au moins l'une des catégories suivantes : les barrages-poids (ouvrages de masse importante, dont le poids s'oppose à la poussée de l'eau du lac), les barrages-voûtes (incurvés sur les flancs de la vallée), les barrages à contreforts (constitués de murs triangulaires parallèles au lit du cours d'eau), et les barrages mobiles, de hauteur modérée. Les trois premiers types, généralement en béton, nécessitent des fondations rocheuses de qualité. Ce sont des barrages-réservoirs : ils servent généralement à accumuler un certain volume d'eau pour l'irrigation, la lutte contre les crues ou la production d'énergie. Les barrages mobiles, souvent réalisés en travers d'un cours d'eau, sont employés pour rendre ce dernier navigable.

Parmi les barrages en matériaux meubles, on peut citer les barrages en enrochement, les barrages en terre, constitués d'une terre homogène dans tout l'ouvrage ou de terres de différentes origines disposées en zone, les barrages mixtes, comportant un noyau étanche en terre argileuse et des enrochements. Le choix du type de barrage pour un site donné est déterminé par des considérations économiques et de sécurité. Le coût d'un barrage est partiellement lié à la disponibilité des matériaux de construction et à l'accessibilité du site. La nature des fondations est décisive dans le choix du barrage à édifier.

---

**Lecture**

## Types de barrages

### 1. Les barrages en béton

<u>1.1 Le barrage-poids</u>

Le barrage-poids moderne est une solide structure en béton à profil triangulaire, épaissie à sa base et affinée vers le haut. Vu du dessus, il est rectiligne ou légèrement incurvé, ce qui permet de réduire son volume, et donc son prix. Le côté en amont est pratiquement vertical. La stabilité et la résistance à la pression d'un tel barrage sont assurées par son propre poids, qui l'empêche de basculer ou de glisser sur sa base.

Il s'agit du type de barrage le plus stable et qui nécessite le moins de maintenance. La hauteur d'un barrage-poids est généralement restreinte par le type de fondation. En raison de leur poids, les édifices de plus de 20 m de haut sont souvent construits sur des fondations rocheuses, et non sur un sol alluvial. Achevé en 1961, le barrage de Grande Dixence, en Suisse, a une hauteur de 285 m : c'est l'un des plus hauts barrages au monde. Il s'agit d'un barrage-poids en béton de près de 700 m de longueur, bâti sur des fondations rocheuses très stables. On peut également citer le barrage de Grand Coulée, terminé en 1942, sur le fleuve Columbia, dans l'État de Washington aux États-Unis. Il a une hauteur de 168 m, une longueur de 1 592 m et est constitué d'environ 8 millions de m$^3$ de béton.

## 1.2 Le barrage-voûte

Le barrage-voûte emploie les mêmes principes de structure que le pont en arche. La voûte s'incurve vers le courant d'eau et la charge d'eau principale est répartie le long du barrage, mais surtout vers les parois latérales de la vallée étroite ou du canyon dans lesquels de tels barrages sont construits. A la courbure en plan s'ajoute parfois une courbure verticale, le barrage étant alors appelé barrage-coupole. La courbure des barrages-voûtes était initialement circulaire, mais les outils informatiques (modélisation mathématique) ont permis de concevoir de nouvelles formes, comme les spirales logarithmiques, proposées par les ingénieurs de l'EDF.

Dans des conditions favorables, les barrages-voûtes contiennent moins de béton que les barrages-poids et leur stabilité est obtenue plutôt par leur forme que par leur masse propre. Relativement peu de sites conviennent à ce type de barrage. En effet, ils ne sont adaptés qu'à des vallées étroites. Ce sont les ouvrages les plus sûrs lorsque les points d'appui sont immuables.

Le premier barrage-voûte aurait été érigé en Iran, à la fin du XIII$^e$ siècle. Il s'agit du barrage de Kebar, haut de 45 m et large de 55 m. Le barrage de Inguri, construit en 1980 en Géorgie, constitue l'un des plus hauts barrages-voûtes au monde (272 m de haut, 680 m de large). Le type combiné poids et voûte le plus haut est le barrage Hoover, situé sur le fleuve Colorado, le long de la frontière de l'Arizona et du Nevada. Achevé en 1936, il a une hauteur de 210 m et une longueur d'environ 400 m. Le lac Mead, soutenu par le barrage Hoover, est l'un des plus grands lacs artificiels du monde, avec une superficie de 694 km$^2$ et une longueur de littoral de 885 km. En France, on peut citer le barrage de Tignes, sur l'Isère.

Il existe une solution intéressante pour les vallées larges, que l'on doit à l'ingénieur A. Coyne : le barrage à voûtes multiples. Il s'agit, au départ, d'une simple variante du barrage à contreforts minces, dans laquelle on a substitué, à la paroi amont, une paroi constituée de voûtes cylindriques en béton armé, de portée réduite. Par exemple, le barrage canadien Daniel-Johnson (Manicouagan V), construit en 1968 sur le Manicouagan, comprend 12 voûtes de 75 m de portée et une voûte centrale de 120 m d'ouverture. D'une hauteur de 285 m, sa largeur en crête atteint 1 314 m.

## 1.3 Le barrage à contreforts

Un barrage à contreforts comporte un voile d'étanchéité s'appuyant sur des piliers régulièrement espacés. Il est formé d'un mur amont, ou plate-forme, appelé masque plan amont, qui supporte l'eau retenue. L'édifice est équipé d'une série de renforts, ou murs triangulaires verticaux, construits pour supporter la plate-forme et redistribuer la poussée de l'eau vers les fondations. Le voile d'étanchéité est généralement très incliné vers l'aval, pour que le poids de l'eau plaque le barrage contre le terrain qui le supporte. Le poids de l'eau retenue par le barrage permet ainsi de compenser sa relative légèreté. Ces barrages sont parfois appelés barrages-poids creux, car ils requièrent seulement de 35 à 50 p. 100 du béton utilisé dans un barrage-poids de taille comparable. Le type de barrage à dalles planes ou à voûtes multiples est un exemple courant de barrage à contreforts, comme le barrage de Girotte, dans les Alpes. Dans un barrage à contreforts en dalles planes, le mur qui supporte la charge de l'eau est un rideau étanche de dalles en béton armé, encerclant l'espace entre les renforts.

Malgré une économie considérable sur les matériaux utilisés, les barrages à contreforts ne sont pas forcément moins coûteux que les barrages-poids. Le coût des ouvrages à forme complexe et l'installation en acier pour les consolider compensent les économies sur le béton. De tels barrages sont parfois nécessaires dans des sites dont le terrain d'appui est médiocre, ou lorsque la vallée est trop large pour permettre la construction d'un barrage-voûte. Le premier barrage à contreforts en béton armé a été construit à Theresa, dans l'Etat de New York, en 1903. Le barrage Alcantara II, construit en 1969 en Espagne, est un barrage à contreforts de 128 m de hauteur et de 570 m de longueur.

## 1.4 Le barrage mobile

Egalement appelé barrage à niveau constant, le barrage mobile a une hauteur limitée ; il est généralement édifié dans la partie aval du cours des rivières, de préférence à l'endroit où la pente est la plus faible. Il est muni en des endroits d'une bouchure-partie mobile permettant de réguler le niveau en amont -comportant des vannes métalliques ; la partie fixe correspond à un radier (revêtement) étanche. En réglant l'ouverture des vannes, on peut maintenir un niveau d'eau constant à l'amont. On peut utiliser ce type de barrage dans l'aménagement des estuaires et des deltas.

## 2. Les barrages en matériaux meubles

Les barrages en matériaux meubles sont des barrages-poids qui n'utilisent pas le béton pour assurer les liaisons et l'étanchéité. Ce sont les barrages les plus résistants aux tremblements de terre. En fait, la plupart de ces ouvrages font appel à plusieurs matériaux ; ce sont alors des barrages mixtes.

## 2.1 Le barrage en terre

Il existe des barrages en terre homogène, en général constitués d'un massif en terre compactée, et des barrages à profil zoné. Les barrages en terre homogène — levées et digues — sont les structures les plus couramment utilisées pour retenir l'eau. Ils sont construits avec des matériaux naturels collectés à proximité du barrage (terre argileuse, roche, pierre). Cette diversité de matériaux explique les formes diverses et la composition variée de ces ouvrages. Les matériaux ne sont pas simplement déversés, mais sont également arrosés, puis tassés et compactés à l'aide de gros engins tractés à rouleaux vibrants. Le développement de grands engins de terrassement a rendu leur construction particulièrement économique par rapport aux barrages en béton.

En raison de la stabilité de la plupart des matériaux terreux agglomérés en pente douce, il est nécessaire que la base de ce type de barrage soit de quatre à sept fois plus large que sa hauteur. Le suintement est inversement proportionnel à la distance que l'eau doit parcourir. Le large renfort de terre est donc bien adapté pour des sites aux fondations perméables. Les barrages en terre conviennent également lorsque la roche en place n'a pas les qualités requises pour des fondations de barrages en béton, ou lorsqu'elle est recouverte d'une épaisse couche d'alluvions qu'il serait trop coûteux de retirer. Par exemple, le haut barrage d'Assouan sur le Nil a une hauteur de 111 m et une longueur de 3 600 m ; il est essentiellement construit à base de sable.

## 2.2 Le barrage en enrochements

Le barrage en enrochements peut être constitué uniquement d'un matériau imperméable, tel que l'argile. Il peut également avoir un noyau central imperméable, vertical ou incliné, compris entre des massifs d'appui (à l'aval) ou de protection (à l'amont). Ce massif peut être fait de matériaux plus perméables, tels que le gravier sableux. Sur la face en contact avec l'eau, on dispose parfois un tapis d'étanchéité souple, ou « masque », réalisé avec des produits bitumineux, qui s'adapte bien à la surface à couvrir et à un éventuel tassement du barrage. Le noyau peut s'étendre bien plus bas que le niveau de la fondation du barrage principal, dans le but de réduire le suintement. Le barrage de Tarbela, achevé en 1976 sur l'Indus, au Pakistan, a une hauteur de 148 m et une longueur de 5 043 m. Il contient 1 206 millions de $m^3$ de terre et de remblai dans le barrage principal (3 fois le barrage d'Assouan), le plus grand volume jamais utilisé dans un barrage en enrochements. Le projet, y compris les installations pour l'énergie hydroélectrique, a coûté plus de 14 milliards de dollars.

# 第二十九课 转口
# Transit

Le commerce international se matérialise par de nombreux échanges de marchandises entre divers pays. Lors de leur acheminement, les marchandises importées ou exportées suivent un itinéraire composé par une succession d'opérations de transport, manutention, stockage. Les différents points intermédiaires où s'effectue le changement du mode de transport sont des « points de transit ». Au niveau de chaque point de transit, se trouve un intermédiaire spécialisé qui prend en charge la marchandise, réalise les différentes formalités de transit conformément aux instructions qu'il a reçues : c'est le transitaire.

Les transitaires ont de plus en plus varié leurs prestations. Alors que leur activité principale se limitait à assurer le passage de la marchandise en transit (manutention, formalité de déclaration en douanes, obtention de certificats et autorisations...), nombreux sont ceux qui exercent de nos jours en tant que commissionnaire.

Le transitaire, le commissionnaire, le manutentionnaire, l'entrepositaire, le transporteur ... sont les principaux acteurs de la logistique internationale dont le rôle et la fonction seront étudiée.

## 1. Les corridors de transit en Afrique centrale

Les corridors sont des itinéraires matérialisés pour l'acheminement du fret. Pour la circulation des marchandises destinées ou en provenance des pays n'ayant pas un accès à la mer, des voies ont été construites et sont entretenues pour une exploitation régulière du transport inter-état en Afrique centrale : les corridors de transit.

Deux corridors d'accès à la mer de la Centrafrique et du Tchad passent par le Cameroun et le Congo et dans une moindre mesure par le Nigeria pour le Tchad.

Le corridor Trans-camerounais part de N'Djamena (Tchad) ou Bangui (Centrafrique) pour aboutir à Douala. Le corridor comprend un itinéraire entièrement routier et un itinéraire mixte route-fer. Voie ferrée entre Douala et Belabo (pour la RCA) ou entre Douala-Ngaoundéré (pour le Tchad).

Les itinéraires définis dans le cadre des conventions RCA/Cameroun et Cameroun/Tchad en matière de transport terrestre des marchandises sont les seules voies légales reconnues pour le transit à destination de la RCA et du Tchad.

## 2. Suivi de la cargaison dans le corridor de transit en Afrique centrale

Au Cameroun, le transit s'effectue par voie terrestre (routière et ferroviaire) sous le couvert de déclarations en douane modèle D15 et selon les règles suivantes :

Les itinéraires définis dans le cadre des conventions RCA/Cameroun et Cameroun/Tchad en matière de transport terrestre des marchandises sont les seules voies légales reconnues pour le transit à destination de la RCA et du Tchad.

Un titre de transit est émis pour tout enlèvement de marchandises. Il est signé par le Chef de Service du transit dès lors que la cargaison est sur le moyen de transport.

Le « titre de transit » devient le document douanier identifiant une cargaison précise en circulation. Il conserve la même valeur réglementaire que la D15 originale (une photocopie de la D15 est jointe).

En cas d'acheminement par voies combinées rail/route avec rupture de charge à Belabo ou à Ngaoundéré, de nouveaux « titres de transit » apurant ceux de départ y sont émis pour accompagner les marchandises sur les trajets Belabo/RCA et Ngaoundéré/Tchad.

Les services des douanes ne procèdent au visa des déclarations de transit que dans les points fixes de contrôle mis en place.

Les agents des douanes présents dans les check points s'assurent que les plombs, les scellés et marques des colis transportés n'ont pas été rompus ou altérés, et que leurs numéros sont identiques à ceux portés sur le titre de transit d'accompagnement.

Ils apposent leurs visas sur le titre de transit avec mention « vu au passage scellés ou plombs intacts » et indiquent le nombre de colis présentés. La visite physique des marchandises en transit est proscrite.

Par contre, lorsque les plombs sont rompus, le service annote le titre de transit avec la mention « vu au passage plombs ou scellés rompus ». Les agents des douanes procèdent immédiatement à la vérification de la cargaison et dressent procès- verbal. Un procès-verbal peut être valablement établi par une unité de gendarmerie ou une autorité administrative.

Un visa sera apposé sur le titre de transit dès le franchissement de la frontière (et non à Bangui ou N'djamena comme c'est le cas actuellement) et sera renvoyé à Douala directement pour apurement.

L'apurement se fait au bureau des douanes d'émission sur présentation du ou des titres de transit dûment visés en cours d'acheminement ainsi que par le bureau de douane à l'entrée du pays de destination.

Toutes les déclarations modèles D15 sont couvertes par une caution bancaire, sauf dérogation spéciale accordée par le Ministre des Finances et du Budget. Les cautions bancaires couvrent le montant des droits et taxes. Des mainlevées partielles de caution sont délivrées au vu des exemplaires n°1 des titres de transit ayant fait l'objet d'un visa par les services des douanes du pays de destination.

Suite à l'avènement en 2007 du Système Douanier Automatisé (SYDONIA), des réformes ont été apportées sur les acronymes des régimes douaniers.

## 3. Le canal vert

Le canal vert est un couloir de dédouanement rapide des conteneurs FCL (full container load) munie d'un scellé de sécurité SGS. Il a été mis en place par instruction ministérielle No 060/CF/MINEFI/DD du 01/11/1999 et entre dans le cadre du programme de sécurisation des recettes douanières.

Seuls les conteneurs contenant les marchandises d'un seul importateur, inspectés par la SGS avant leur embarquement dans le pays de provenance et munis d'un scellé peuvent bénéficier des avantages du canal vert. A l'arrivée au port autonome de Douala, ces derniers sont dispensés de visites et de contre visites sauf instruction spéciale du Directeur des douanes ou du Chef de secteur des douanes.

---

## Lexique

l'acheminement *m.* 运输

la manutention 装卸

la formalité 手续

le transitaire 转口商

la prestation 服务

le(la) commissionnaire 代理商

le manutentionnaire 装卸公司

l'entrepositaire *m.* 仓储公司

la logistique 物流

matérialisé, e *a.* 实际的

le dédouanement 报关

la déclaration 申报

le titre de transit 转口证

l'enlèvement *m.* 提（货）

le visa 签章

la déclaration de transit 转口单

le plomb 铅封

le scellé 封条

la cargaison 货物

le franchissement 穿越

l'apurement *m.* 核查

la douane d'émission 发证海关

la caution 担保

la dérogation spéciale 特许

la mainlevée 撤销

l'exemplaire *m.* （票据的）联

le canal vert 绿色通道

la contre visite 复查

## Notes

1. **N'Djamena 恩贾梅纳**：乍得首都。

2. **Le Tchad 乍得共和国**：全称为 la République du Tchad。

3. **Bangui 班吉**：中非共和国首都。

4. **La Centrafrique 中非共和国**：全称为 La République centrafricaine（RCA）。

5. **Le Cameroun 喀麦隆共和国**：全称为 la République du Cameroun。

6. **Le Congo 刚果**：本文中的"le Congo"特指刚果民主共和国（la République démocratique du Congo）。

7. **Le Nigeria 尼日利亚联邦共和国**：简称尼日利亚。中非和乍得的转口货物也有一部分通过该国进口或出海。

8. **Douala 杜阿拉**：喀麦隆最大城市。

9. **Belabo 贝拉博**：地名，隶属于喀麦隆。

10. **Ngaoundéré 恩冈代雷**：地名，隶属于喀麦隆。

11. **FCL（英语：Full Container Load，法语：conteneur complet）整箱集装箱**：是指货方自行将货物装满整箱以后，以箱为单位托运的集装箱。与之相对应的是拼箱。

12. **SGS（Société Générale de Surveillance）瑞士通用公证行**：SGS 集团是全球最大的检验、鉴定、测试和认证机构，是一家专门提供检验、鉴定、测试及认证服务的跨国集团。通常，货物进口国政府或政府授权海关当局与 SGS 签署协议，由 SGS 在货物出口国办理货物装船前的验货、核定完税价格（或结汇价格）、税则归类（在进口国实行 HS 制度的前提下），执行进品管制规定（如是否已事先申领进口许可等证件）等原系由进口国海关在货物运抵进口国后所执行的进口验关作业。由 SGS 确认真实、合理后，出具公证报告，即"清洁报告书"（Clean Report of Finding，简称 CRF。也叫"无瑕疵检验报告"），作为货物进口后向海关申报时必须交验的单证。进口国海关凭此简化或免除多道通关手续，直接征税后放行，既加快了验放（一般不复检），又严密了监管。反之，则签发"不可兑现报告书"（Non-Negotiable Report of Findings），这样，即使货物运抵目的港，进口国海关不予通关，出口商也不能结汇。

Traduire les 15 dernières définitions de la lecture.

| Lecture |

## Glossaire anglais-français du transit maritime

### AVERAGE/Moyenne

Toute perte ou dommage survenu à des biens assurés, dont le montant est inférieur à la valeur totale de la marchandise. Il y a deux sortes de moyennes : les moyennes particulières et les moyennes générales.

### BENEFICIARY/Bénéficiaire

Personne en faveur de laquelle une traite n'est émise ou une lettre de crédit ouverte.

### BILL OF LADING/Lettre de transport

Document émis par le transporteur, décrivant la nature et la quantité des biens expédiés, mentionnant le nom de l'expéditeur, du destinataire, des ports de chargement et de déchargement. Ce document est un titre servant de contrat de transport et de reçu pour les biens.

### BONDED WAREHOUSE/Entrepôt sous douane

Bâtiment dans lequel les autorités douanières ont autorisé le stockage des biens, l'acquittement des droits de douane étant différé jusqu'à ce que les biens soient livrés.

### BREAK BULK/Rupture de charge

Cargaison de colis divers non constitués en unité de charge. Chargement voyageant à l'unité, tel que des cartons placés directement dans les cales du navire par opposition à la conteneurisation ou du transport en vrac.

## BULK SHIPMENTS/Fret en vrac

Expéditions qui ne sont pas emballées et chargées directement dans les cales du navire. Exemple de marchandise qui voyageant en vrac : le minerai, le charbon, la ferraille, les céréales, le riz, l'huile végétale, le suif, le mazout, l'engrais et tout autre produit similaire.

## CARGO/Chargement

Biens, marchandises ou produits de toute description qui peut être transportée sur un navire, en prenant en compte le chargement du fret. Toutefois, ceci n'inclut pas les équipements ou les moyens de stockage utilisés à bord.

## CARRIER/Transporteur

Transporteur, fait normalement référence à la compagnie maritime, mais cela peut aussi faire référence au transport routier, aérien, ou ferroviaire.

## CERTIFICATE OF INSPECTION/Certificat d'inspection

Document réclamé avec les expéditions de périssables ou d'autres biens, cette certification stipulant également que cette marchandise est un envoi prioritaire.

## CERTIFICATE OF MANUFACTURE/Certificat de fabrication

Document certifié devant notaire par le producteur, le vendeur ou le spécialiste des techniques marchandes, stipulant que les biens ont étés fabriqués et sont à la disposition de l'acheteur.

## CERTIFICAT OF ORIGIN/Certificat d'origine

Document spécifique requis par certains pays étrangers pour des raisons de tarifs douaniers, attestant de l'origine des marchandises ; parfois, ce document requiert la signature du consul du pays de destination.

## CHARTER PARTY/Charte Partie

Contrat écrit entre l'armateur et (la compagnie à charte) celui désirant vider le bateau, mettant en route les termes de l'accord tel que le coût du fret et les ports impliqués dans le transport.

## COLLECT FREIGHT/Fret Port dû

Fret payable à destination, s'assurant que le navire délivrera les biens selon cette condition spécifique.

## COMMERCIAL INVOICE/Facture commerciale

Déclaration de la transaction entre le vendeur et l'acheteur, émise par le vendeur et décrivant : la marchandise, le coût, le terme de vente ....

## COMMERCIAL CARRIER/Transporteur Public

Transporteur qui se met en avant face aux pouvoirs publics pour effectuer le transport des biens sur une route définie et un planning régulier.

## CONSIGNEE/Destinataire

Partie qui reçoit les biens ; généralement l'acheteur.

## CONSIGNMENT/Expédition

Marchandise expédiée à un agent ou à un client, alors que l'achat actuel n'a pas été réalisé. Seul l'accord passé entre les parties oblige le destinataire à payer les biens à l'expéditeur une fois que la vente a été réalisée.

## CONSOLIDATION/Consolidation

L'avenant de groupage, est le fait de grouper des marchandises sous le couvert d'un connaissement maritime ou d'un Airwaybill, dans un agrément préalable, afin d'apporter des conditions avantageuses de transport d'un point à un autre.

## CONSULAR DOCUMENTS/Documents consulaires

Lettre de transport, certificat d'origine ou forme de facturation spéciale étant officiellement signée par le consul du pays de destination.

## CONSULAR INVOICE/Facture consulaire

Inventaire détaillé des biens expédiés et certifié par le consul du point d'expédition.

## CONTAINERIZATION/Conteneurisation

Système maritime basé sur un système de chargement de container de 18 pieds de long qui peuvent être facilement transbordés sur des camions, des trains, des bateaux sans en dépoter le contenu.

## CONTREBAND/Contrebande de guerre

En temps de guerre, matériel transporté à bord d'un bateau pouvant aider les belligérants dans le conflit, tel que des armes et des munitions.

## CUSTOMS BROKER/Transitaire

Reconnue par les douanes américaines, ils dédouanent les expéditions pour les clients, mais il peut acheminer la marchandise sous douane jusqu'au port de destination.

## D/A-DOCUMENTS AGAINST ACCEPTANCE/Documents contre acceptation

L'expéditeur donne des instructions à sa banque selon lesquelles les documents sont liés à une traite, les marchandises seront délivrées au tiré à condition qu'il accepte la traite.

## D/P-DOCUMENT AGAINST PAYMENT/Documents contre Paiement

Instructions données par l'expéditeur à sa banque selon lesquelles les documents sont liés à une traite due, et ces documents doivent être donnés au tiré qu'à la condition qu'il paye la traite.

## DECK CARGO/Pontée

Cargaison voyageant à l'extérieur et non dans les cales du navire.

## DELAY/Retard

Même si on bénéficie d'une assurance tous risques, les dommages dus à un retard ne font l'objet d'aucune indemnisation. La plupart des assureurs ont instauré une « clause de retard » dans la police de Cargo ouvert spécifiant que les dommages causés par un retard ne peuvent pas être indemnisés même si ce dernier est dû à un risque.

## DOCK RECEIPT/Reçu des docks

Reçu émis par un transporteur maritime ou par l'agent, afin de déterminer le moment où la marchandise a été délivrée sur les docks ou dans les entrepôts dans l'attente de l'expédition.

## DOCUMENTARY CREDIT/Crédit Documentaire

Lettre de crédit commercial établi par une banque au nom du bénéficiaire, généralement le vendeur de la marchandise, contre la remise de documents spécifiés dans le crédit.

## DOCUMENTS/Documents

Documents habituellement joints à des traites à l'étranger, ce sont les connaissements maritimes, les certificats d'assurance, les factures commerciales et lorsque cela est spécifié, les certificats d'origine et les factures consulaires.

## DRAFT/Traite

Paiement des biens par l'acheteur

## DUTY/Droits

• Droits ad valorem : c'est un certain pourcentage applicable à une somme déterminée, en fonction de la valeur des biens à l'import ;

• Droits spécifiques : c'est une estimation se basant sur le poids ou la quantité des biens, indifféremment de sa valeur monétaire ou du prix du marché ;

• Inconvénient : le recouvrement se fait en entier ou représente une partie des droits payés à l'import lors de l'exportation de manière similaire ou différente.

## EX (POINT OF ORIGIN)/Point d'origine

Point de départ de l'expédition Ex usine, ex mine, ex entrepôt. Cf. termes de vente.

## EX-DOCK/Depuis les docks

« Depuis les docks ». Le vendeur est propriétaire des biens jusqu'à ce qu'ils aient été déchargés au port d'arrivée, le prix de vente inclut tous les coûts jusque là, plus les frais de déchargement du navire.

## EX-FACTORY/Départ Usine

Le vendeur est propriétaire des biens jusqu'à ce qu'ils aient été enlevés à l'usine, le prix de vente étant le prix des biens.

## F.A.S. VESSEL/Le long du navire

« Free le long du bateau ». Le vendeur est propriétaire des biens jusqu'à ce qu'ils aient été délivrés le long du navire, le prix de vente inclut tous les biens jusqu'à ce point, plus le coût du transport jusqu'aux docks.

### F.C. et S/F.C. et S

« Free de Capture et d'Arrestation ».Clause excluant le risque de guerre de l'assurance maritime. Pour que le risque de guerre soit couvert, il faut souscrire une Assurance guerre en payant une prime additionnelle

### F.O.B TRUCK/F.O.B camion

FOB camion, le vendeur est propriétaire des biens jusqu'à ce qu'ils soient chargés sur le camion à l'usine. Le prix de vente inclut tous les coûts jusqu'à ce point, plus le frais de chargement sur le camion.

### F.O.B. VESSEL/F.O.B navire

FOB navire. Le vendeur est propriétaire des biens jusqu'à ce qu'ils soient chargés sur le navire, le prix de vente inclut tous les coûts jusqu'à ce point plus les frais de chargement sur le navire.

### F.O.B. WAREHOUSE/F.O.B. Entrepôt

FOB entrepôt. Le vendeur est propriétaire des biens jusqu'à ce qu'ils soient délivrés dans l'entrepôt de l'acheteur à destination finale. Le prix de vente inclut tous les coûts jusqu'à ce point, plus les frais de transport jusqu'à l'entrepôt final.

### FORCE MAJEURE/Force Majeure

Dénomination d'une clause de contrat maritime standard exemptant les parties pour n'avoir pas rempli leurs obligations dues à un événement échappant à leur contrôle tel que les tremblements de terre, inondations, ou guerre.

### FREE TRADE ZONE/Zone franche

Port désigné par le gouvernement comme étant une zone de duty free pour toute marchandise non prohibée. Cette marchandise peut être stockée, "dispatchée", utilisée dans le processus de fabrication, etc. ... dans les limites de cette zone et réexportée sans acquittement de droits. Cependant, des droits peuvent être acquittés sur cette marchandise ou sur les produits fabriqués à partir de cette dernière, si, ces biens passent de la zone franche à une zone sujette à une autorité douanière. La zone franche est également appelée « Zone de Commerce Extérieur ».

## FREIGHT/Fret
Montant des frais de transports

## GENERAL AVERAGE/Compromis d'Avarie
Principe d'équité régissant le transport maritime et applicable aux parties liées à ce transport (le bateau, la cargaison et le fret) ; Cette responsabilité est proportionnelle aux pertes de chacun, résultant du sacrifice volontaire de la part du bateau et de la cargaison, dans son souhait de les préserver d'un risque éventuel, où des dépenses nécessaires induit par le sacrifice conjoint du bateau et de la cargaison.

## GENERAL AVERAGE SECURITY/Cautionnement pour avarie commune
Avant de livrer aux consignataires le chargement, les armateurs sont en droit de demander le versement d'une caution en espèces, en garantie du paiement de leurs parts contributives dans l'avarie commune. Dans certains cas, des garanties bancaires sont acceptées en remplacement de la caution en espèce.

## GOODS/Biens
Cargaison expédiée par air ou par mer.

## GUARANTED FREIGHT/Fret Garanti
Le montant du fret doit être payé, que les biens soient livrés ou non, à condition que l'échec de la livraison soit dû à des raisons échappant au contrôle du transporteur.

## IN BOND/Sous Douane
Une expression utilisée pour décrire le statut d'une marchandise admis provisoirement dans un pays sans acquittement des droits, soit parce qu'ils ont été stockés dans un entrepôt sous douane ou parce que l'on a fait un transit sous douane jusqu'à un autre point où les droits devront être éventuellement acquittés.

## INHERENT VICE/Vice inhérent
Perte causée par la nature même du bien et qui n'est le fait ni du hasard, ni

d'une cause externe.

### INLAND BILL OF LADING/Lettre de transport intérieur

Lettre de transport utilisée dans le transport intérieur des biens jusqu'à ce qu'ils soient remis au transporteur de l'exportateur.

### IRRÉVOCABLE LETTER OF CREDIT/Lettre de crédit irrévocable

Lettre de crédit spécifiant que le paiement est garanti par la banque, si le tiré réunit toutes les conditions et les termes de l'accord.

### LETTER OF CREDIT - COMMERCIAL/Lettre de crédit commercial

Lettre adressée par une banque, relativement à l'assurance et à la responsabilité de l'acheteur vis-à-vis du vendeur, l'autorisant à émettre des traites d'un montant déterminé sous des conditions spécifiques, s'engageant ou non à émettre le paiement de cette traite.

### LOAN RECEIPT/Reçu de prêt

Document signé par l'assuré dans lequel il admet avoir reçu de l'argent de la compagnie d'assurance, comme étant un prêt sans intérêt (au lieu du paiement d'une perte), devant être remboursée à la compagnie d'assurance qu'à la condition que cette perte soit remboursée par une tierce partie.

### LOSS OF MARKET/Perte de marché

Situation dans laquelle pour une raison ou pour une autre, la cargaison n'est plus désirée par le destinataire à son arrivée. C'est une perte commerciale qui ne peut pas être indemnisée par « la police d'assurance de cargaison maritime ». Par exemple : sapins de Noël arrivant en parfait état mais dans le courant du mois de janvier.

### MANIFEST/Manifeste

Liste de marchandises, rédigée par le commandant, classée en fonction des numéros de la lettre de transport, reprenant les marchandises et les quantités de toutes les cargaisons chargées sur le navire.

### NAMED PERILS POLICY/Politique de Risques Dénommés

Toute assurance maritime limitant l'indemnisation à une liste de risques dénommés, et qui s'oppose à l'assurance tous risques (Cf. tous risques).

## OCEAN BILL OF LADING/Connaissement Maritime

Connaissement indiquant que l'exportateur consigne l'expédition à un transporteur international, pour le transport à destination d'un marché étranger. A l'inverse des lettres de transport intérieur, le connaissement maritime peut servir à collecter des fonds. Si le connaissement est surrendered, le destinataire peut récupérer l'expédition à la seule condition de prouver son identité. Par contre, si le connaissement est négociable, l'acheteur devra d'abord payer les biens, endosser le document et répondre aux conditions requises par le vendeur.

## OPEN POLICY/Police ouverte

Une police sur la cargaison, sans date d'expiration qui fournit une couverture automatique de la cargaison pour ou de la part d'un assuré selon des conditions commerciales spécifiques à des taux, des termes et des conditions déterminées. En général, la police maritime est différente de la police de guerre.

## PALLET/Palette

Petite plate forme en bois sur laquelle la cargaison est empilée pour le stockage ou pour le transport.

## PERILS OF THE SEA/Dangers de la Mer

Accidents fortuits propres au transport sur les eaux navigables, tel que le navire qui s'échoue, qui coule, qui rentre en collision avec un autre navire, qui heurte un objet submergé, qui rencontre une mer agitée ou toute autre force de la nature.

## PHYTOSANITARY INSPECTION CERTIFICATE/Certification d'Inspection Phytosanitaire

Certificat émis par le département de l'agriculture afin de satisfaire la réglementation concernant les produits étrangers à l'import. Cela indique que ces importations ont étés inspectés et certifie que ces dernières ne contiennent pas d'insectes nuisibles ou de maladies spécifiques aux plantes.

## PILFERAGE/Chapardage

Vol d'une partie du contenu d'un colis.

## POLITICAL RISK/Risque politique

Police utilisée à l'exportation couvrant des risques tels que la non-convertibilité d'une monnaie, une action du gouvernement empêchant l'entrée des biens, l'exportation, la confiscation ou la guerre.

## PRO FORMA INVOICE/Facture Pro forma

Facture fournie par le fournisseur avant l'expédition de la marchandise, informant l'acheteur de la nature et des quantités expédiées, ainsi que leur valeur commerciale et autres détails (poids, dimensions, etc.)

## SHIPPER'S EXPORT DECLARATION/Déclaration d'expédition export

Documents requis pour toute expédition par le Trésor américain et rédigé par l'expéditeur. Il reprend la valeur commerciale, le poids, la destination et toute information nécessaire à l'exportation.

## SHIPPER'S LOAD AND COUNT/L'expéditeur charge et compte

Note sur la lettre de transport indiquant que le contenu de transport a été chargé et compté par l'expéditeur, mais non certifié par la compagnie maritime.

## SPECIAL POLICY OF INSURANCE/Police d'assurance spéciale

Document issu pour le compte du souscripteur attestant des termes et des conditions reprises dans l'assurance maritime. Ce document est émis lorsqu'une preuve d'assurance est demandée, dans le cas d'une lettre de crédit par exemple.

## STANDARD INTERNATIONAL TRADE CLASSIFICATION (SITC)/Norme de Classification commerciale internationale

Système de code numérique développé par les Nations Unies afin de classifier les biens utilisés dans le Commerce International.

## STRAIGHT BILL OF LADING/Lettre de transport en envoi direct

Lettre de transport non négociable sur laquelle les biens sont directement consignés au destinataire.

## SUBROGATION/Subrogation

Opération par laquelle la compagnie d'assurance (relativement au paiement des indemnités) assume tous les droits de l'assuré en ce qui concerne l'indemnisation du préjudice par une tierce partie, on substitue un créditeur par un autre.

### SURVEYOR/Expert

Spécialiste maritime qui examine les marchandises endommagées et qui détermine la cause, la nature et l'étendue des dommages ainsi que les possibilités de réparation. Ce n'est pas un dispacheur car ses actions n'ont aucune conséquence sur les conditions d'applications de la police.

### TARE WEIGHT/Le poids de la tare

Le poids du conteneur ainsi que des matériaux d'emballage abstraction faite des marchandises qu'elle contient.

### TENOR/Echéance

Terme fixé pour le paiement de la traite.

### TERMS OF SALE/Terme de vente

La facture est un contrat de vente entre l'acheteur et le vendeur qui reprend le terme de vente.

### THROUGH BILL OF LADING/Lettre de transport direct

Lettre de transport unique couvrant à la fois le transport national et international d'une exportation. Une LTA est primordiale dans le transport aérien. Néanmoins, en ce qui concerne les expéditions maritimes, deux documents différents sont requis, un BL intérieur pour le pré acheminement et un connaissement maritime à l'international.

### TONNAGE/Tonnage

Tonnage brut - Total de la capacité interne d'un navire exprimé en tonnes mesurée.(1 Tonne mesurée=100 CW. FT)

### TRANSIT SHIPMENT/Transit

Une expression désignant une expédition dont le point de destination est en province ou un point dénommé pour une réexpédition à destination d'un autre port.

### TRANSHIPMENT/Transbordement

Transfert d'un navire ou moyen de transport à un autre, afin de poursuivre le transport.

## VALUATION CLAUSE/Clause de valeur

Clause d'une assurance maritime qui établit une base de valeur fixe à laquelle l'assuré et le souscripteur auront agrée. Cette dernière détermine la valeur de la marchandise assurée. Cette clause stipule également la somme qui sera indemnisée pour toute perte ou contribution moyenne.

## VESSEL/Navire

Description de tout moyen navigable, de tout appareil utilisable ou pouvant être utilisé dans le transport maritime.

## WAR RISKS/Risques de guerre

Risque lié à deux ou plusieurs belligérants engagés dans des hostilités, que la déclaration de guerre ait été formelle ou non. De tels risques sont exclus par le FC S (Free de Capture et d'Arrestation). Ce risque peut être garanti par une police de guerre séparée liée à une prime additionnelle.

## WAREHOUSE RECEIPT/Reçu du magasin

Reçu établi par un magasinier attestant qu'il a stocké les dites marchandises.

## WAREHOUSE-TO-WAREHOUSE CLAUSE/Clause « d'entrepôt à entrepôt »

Clause incluse dans la police de transport déterminant quand la couverture commence et fini. Cette police s'applique à partir du moment où les marchandises quittent l'entrepôt d'origine mentionné dans la police, jusqu'à l'entrepôt de destination également mentionné et qui marque la fin de l'application de cette clause.

## WHARFAGE/Droit de quai

Frais facturés par le propriétaire de l'embarcadère ou des docks pour la manutention de la cargaison importée ou exportée.

第三十课 银行事务
## Affaires de banque

## La garantie de soumission

DIRECTION DES RELATIONS INTERNATIONALES
DEPARTEMENT DES ENGAGEMENTS INTERNATIONAUX
SECTEUR DES GARANTIES INTERNATIONALES
SERVICE EMISSION

DOSSIER N°

ACTE DE GARANTIE
(NOM ET ADRESSE DU
BENEFICIAIRE ALGERIEN)
ALGER, LE _____

**OBJET : GARANTIE DE SOUMISSION D'APPEL D'OFFRE DE _____ (MONTANT DE LA GARANTIE EN CHIFFRES).**

Considérant la participation de _____ (**NOM DU SOUMISSIONNAIRE**), dont le siège social est à _____ à **L'APPEL D'OFFRES N°**_____ lancé par _____ (**NOM DU BENEFICIAIRE ALGERIEN**) ayant pour objet :

_____ (**OBJET DU CONTRAT**).

Considérant les termes de l'article du cahier des charges qui prévoit que toute offre doit être accompagnée d'une garantie bancaire de soumission.

Considérant la contre garantie N° _____ émanant de _____ (**NOM DU CORRESPONDANT BANCAIRE ETRANGER**).

Nous soussignés, **BANQUE EXTERIEURE D'ALGERIE**, dont le siège social est à **ALGER, 11 BOULEVARD COLONEL AMIROUCHE**, émettons en faveur de _____ (**NOM DU BENEFICIAIRE ALGERIEN**) une garantie de soumission d'appel d'offre de _____ (**MONTANT DE LA GARANTIE EN CHIFFRES ET EN LETTRES**), destinée à dédommager forfaitairement _____ (**NOM DU BENEFICIAIRE ALGERIEN**) au cas où déclaré adjudicataire, _____ (**NOM DU SOUMISSIONNAIRE**) se désisterait, refuserait de conclure le contrat proposé dans les termes et conditions de son offre ou de mettre en place les garanties requises au contrat.

En conséquence, nous paierons à_____ (**NOM DU BENEFICIAIRE ALGERIEN**) à sa première demande la somme de _____ (**MONTANT DE LA GARANTIE EN CHIFFRES**) dont le soumissionnaire, _____ (**NOM DU SOUMISSIONNAIRE**), serait reconnu débiteur au titre de la présente garantie, contre sa déclaration écrite établissant que _____ (**NOM DU SOUMISSIONNAIRE**), n'a pas rempli ses engagements.

**LA PRESENTE GARANTIE ENTRERA EN VIGUEUR A LA DATE D'OUVERTURE DES PLIS ET DEMEURERA VALABLE JUSQU'AU _____**

**BON POUR GARANTIE A HAUTEUR MAXIMUM DE _____ (MONTANT DE LA GARANTIE EN CHIFFRES ET EN LETTRES).**

l'acte *m.* 文件

le bénéficiaire 受益人

Alger 阿尔及尔

le chiffre 小写数字

le(la) soumissionnaire 投标人

le siège social 公司地址

l'objet *m.* 标的

le cahier des charges 招标细则

l'offre *f.* 报价

la contre garantie 反担保

émaner *vi.* 来源于

émettre *vt.* 开立

dédommager *vt.* 赔偿

forfaitairement 以包干的方式

l'adjudicataire *n.* 中标人

se désister 撤标

conclure *vt.* 签订

le terme 规定

la première demande 第一次索赔

le débiteur 债务人

l'ouverture des plis *f.* 开标

**Notes**

1.  **La garantie bancaire 银行保函**：银行保函是指银行应申请人的要求向受益方
    开出的，担保申请人一定履行某种义务，并在申请人未能按规定履行其责任和
    义务时，由担保行代其作出一定经济赔偿的书面文件。银行保函的常见类型有：
    投标保函（la garantie de soumission）、履约保函（la garantie de bonne
    exécution）、预付款保函（la garantie de restitution d'avance）等。在本课 "投
    标保函" 的实例中，保函的意义在于：当投标方递交标书后撤标，或中途修改
    报价，或中标后不签订合同而导致建设方遭受损失时，开立保函的银行必须代
    替投标方向建设方履行赔款义务。

2.  **La contre garantie 反担保**：反担保又可称为求偿担保。反担保是指为保障债
    务人之外的担保人将来承担担保责任后对债务人的追偿权的实现而设定的担
    保。通俗地讲，即甲公司因需要投标而要求银行开立某金额的银行保函，但银
    行认为甲公司不具备条件而不开立保函。此时，在某担保公司为甲公司提供担
    保后，银行有了风控保障而为甲公司开立了保函。但是，该担保公司为了降低
    自身风险，也会要求甲公司提供抵押品，这个行为就被称为反担保。

3.  **Banque Extérieure d'Algérie 阿尔及利亚对外银行**：该银行是阿尔及利亚五大
    银行之一，总部位于首都阿尔及尔。

4. En chiffres 使用小写数字：在汉语中即使用阿拉伯数字，相对应地，在汉语中 "en lettres" 即使用大写数字。

5. Se désister 撤标：指投标人撤回已提交的投标文件。

6. Nous paierons au bénéficier à sa première demande ... ：该处 "第一次索赔" 通常并不表明担保人有义务在字面意义上的 "第一次" （索赔当天）即履行支付，担保人可在一段合理的时间内履行支付即可（通常为 15 天内）。

7. Le débiteur 债务人：即欠他人钱的一方。另外， "débiteur, trice" 在会计文件中指 "借方"。

## Exercices

**1. Traduire les mots et les expressions suivants en français.**

| | | |
|---|---|---|
| 银行保函 | 投标保函 | 受益人 |
| 招标 | 标的 | 总金额 |
| 赔偿 | 反担保 | 投标人 |
| 索赔 | 签订（合同） | 条款 |
| 债务人 | 开立 | 开标 |
| 中标人 | | |

**2. Traduire le texte suivant en chinois.**

Considérant la participation de _____ (**ENTREPRISE ETRANGERE**) dont le siège social est _____ à l'appel d'offres numéro _____ lancé par _____ (**ENTREPRISE ALGERIENNE**) ayant pour objet _____.

Considérant les termes de l'article du cahier des chargés qui prévoit que toute offre doit être accompagnée d'une garantie bancaire.

Nous, _____ (**BANQUE ETRANGERE**) au capital de _____ ayant son siège social à _____ représentée par _____ agissant en qualité de _____

En vertu des pouvoirs qui lui/leur sont conférés et dont il(s) justifie(nt) demandons au Fonds National d'Investissement de souscrire sous notre pleine et entière responsabilité un engagement à concurrence de _____ (**MONTANT EN CHIFFRES ET EN LETTRES DE LA GARANTIE**), en faveur de _____ (**ENTREPRISE ALGERIENNE**) qui couvrira la garantie de soumission destinée à dédommager forfaitairement _____ (**ENTREPRISE ALGERIENNE**) au cas ou _____ (**ENTREPRISE ETRANGERE**), étant déclarée adjudicataire, se désisterait ou refuserait de conclure le contrat proposé dans les termes et conditions ou refuserait de conclure le contrat proposé dans les termes et conditions de sa soumission ou de mettre en place les garanties requises au contrat.

Nous, _____ (**BANQUE ETRANGERE**), contre garantissons irrévocablement et inconditionnellement au Fonds National dtInvestissement la bonne exécution par _____ (**ENTREPRISE ETRANGERE**) de ses obligations précitées ou à défaut le paiement de la somme due au titre de sa soumission.

En conséquence, nous paierons au Fonds National d'Investissement, sans délai, à la première demande de celui-ci, sans qu'il soit besoin de recourir à une quelconque formalité et sans pouvoir lui opposer de motif de notre chef ou de celui de notre donneur d'ordre, le montant intégral de la contre-garantie soit _____ (**MONTANT EN CHIFFRES ET EN LETTRES DE LA GARANTIE**) augmenté des frais et dépenses éventuels de toute nature encourus par le Fonds National d'Investissement-à l'occasion de la mise en jeu de cette contre-garantie.

Tout retard apporté au versement des sommes dues au titre de la contre-garantie mettra à notre charge le paiement au profit du Fonds National d'Investissement-d'intérêts au taux de 12% l'an qui commenceront à courir à partir du huitième jour de la date de la mise en jeu de la contre garantie jusqu'au jour du paiement effectif, ces intérêts seront capitalisés s'ils sont dus pour une année entière.

Nous renonçons expressément à nous prévaloir d'une quelconque exception tirée des termes de la soumission pour autant que Fonds National d'Investissement-justifié par Swift que _____ (**ENTREPRISE ALGERIENNE**) a mis en jeu la garantie.

Les commissions, frais et taxes découlant de la présente contre-garantie seront supportés par nous à compter de la date d'émission de la garantie en faveur du bénéficiaire et demeurera valable jusqu'à la main levée délivrée par le Fonds National d'Investissement à la _____ (**BANQUE ETRANGERE**) et au plus tard le _____ plus un (1) mois de délai de courrier soit le _____ Passé ce délai notre contre garantie deviendra automatiquement nulle et non avenue.

Tout litige né de l'exécution de la présente contre-garantie sera soumis à la compétence des tribunaux Algériens et à l'application de la loi algérienne.

## Contre-garantie de soumission

Considérant la participation de _____ (**RAISON SOCIALE DU SOUMISSIONNAIRE**) dont le siège social est à _____ à l'appel d'offre n ° _____ lance par (**RAISON SOCIALE DE L'OPERATEUR PUBLIC ALGERIEN**) ayant pour objet _____

Considérant les termes de l'article n ° _____ du cahier des charges qui prévoit que toute offre doit être accompagnée d'une garantie bancaire.

Nous _____ (**RAISON SOCIALE DE LA BANQUE ETRANGERE**), au capital de _____ ayant son siège social à _____ représentée par _____ agissant en qualité de _____ en vertu des pouvoirs qui lui/leur sont confiés et dont il(s) justifie(ent) demandons à la banque extérieure d'Algérie, de souscrire sous notre pleine et entière responsabilité un engagement à concurrence de _____ (**MONTANT EN CHIFFRES ET EN LETTRES**) en faveur de _____ (**RAISON SOCIALE DE L'OPERATEUR PUBLIC ALGERIEN**) qui couvrira la garantie de soumission destinée à dédommager forfaitairement _____ (**RAISON SOCIALE DE L'OPERATEUR PUBLIC ALGERIEN**) ou cas ou _____ (**RAISON SOCIALE DU SOUMISSIONNAIRE**) étant déclaré adjudicataire, se désisterait ou refuserait de conclure le contrat propose dans les termes et conditions de sa soumission ou de mettre en place les garanties requises au contrat.

En contrepartie, nous _____ (**RAISON SOCIALE DE LA BANQUE ETRANGERE**) contre-garantissons irrévocablement et inconditionnellement à la banque extérieure d'Algérie la bonne exécution par _____ (**LE SOUMISSIONNAIRE**) de ses obligations précitées ou a défaut le paiement de la somme due au titre de sa soumission.

En conséquence, nous paierons sans délai à la banque extérieure d'Algérie, à la première demande de celle-ci, sans qu'il soit besoin de recourir à une quelconque « formalité » et sans pouvoir lui opposer de motif de notre chef ou de notre donneur d'ordre, le montant intégral de la contre-garantie soit _____ (**MONTANT EN CHIFFRES ET EN LETTRES**), ou tout autre montant restant dû au titre de cette contre garantie augmente des frais et dépenses éventuels de toute nature encourus par la banque extérieure d'Algérie à l'occasion de la mise en jeu de cette contre-garantie.

Tout retard apporte au versement des sommes dues au titre de la contre-garantie mettra à notre charge le paiement au profit de la banque extérieure d'Algérie d'intérêts au taux de 12% l'an qui commenceront à courir à partir du huitième jour de la date de mise en jeu de la contre-garantie jusqu'au jour du paiement effectif. Ces intérêts seront capitalises s'ils sont dus pour une année entière.

Nous renonçons expressément à nous prévaloir d'une quelconque exception tirée des termes de la soumission pour autant que la banque extérieure d'Algérie, justifie par télex chiffre que _____ (**RAISON SOCIALE DE L'OPERATEUR PUBLIC ALGERIEN**) a mis en jeu la garantie.

Les commissions, frais et taxes découlant de la présente contre-garantie seront supportés par nous _____ (**RAISON SOCIALE DE LA BANQUE ETRANGERE**) à compter de la date d'émission de la garantie en faveur du bénéficiaire jusqu'à l'extinction de la présente contre-garantie telle que déterminée ci-dessous.

La présente contre-garantie entrera en vigueur à compter de la date d'émission de la garantie en faveur du bénéficiaire et demeurera valable jusqu'à la mainlevée délivrée par la banque extérieure d'Algérie à la _____ (**RAISON SOCIALE DE LA BANQUE ETRANGERE**).

Tout litige ne de l'exécution de la présente contre-garantie sera soumis à la compétence des tribunaux algériens et à l'application de la loi algérienne.

第三十一课 人力资源

# Ressources humaines

## 1. Offre d'emploi

Recruteur : CSCEC ALGERIE

Poste : architecte

Types de contrat : CDD

Niveau d'études : Bac + 3

Expérience : indifférent

Lieu de travail : Alger

Missions :

- Étude et conception des plans d'architecture.
- Produire les éléments visuels nécessaires au maître d'ouvrage et aux équipes d'exécution.
- Contrôle et vérification de la qualité des matériaux suivant les spécifications.
- Veiller au respect des spécifications et les plans visé et approuvé dans l'exécution des travaux des grands œuvres.
- Veiller au respect des plans d'exécution dans les travaux de réalisation.
- Proposer des améliorations et des solutions, afin de mieux s'accommoder au système de réalisation et aux différents corps d'état.
- Assurer la communication et la coordination avec les acteurs du projet.
- Assurer un appui technique pour les équipes sur le projet à la résolution

de différents problèmes afin de garantir l'avancement des travaux.

Profil :

- Ingénieur d'état ou Master en Architecture.
- Ayant 2, 3 ans d'expérience professionnelle dans un poste similaire.
- Maîtrise des logiciels Autocad, SketchUP, Photoshop, Microsoft office.
- Méthodique, organisé.
- Goût pour le travail en équipe.
- Bonne maîtrise de la langue française et anglaise.

Si vous correspondez à ce profil, merci d'envoyer votre CV à notre société.

## 2. Contrat de travail à durée déterminée

ENTRE LES SOUSSIGNES :

L'entreprise : _____ (**STRUCTURE JURIDIQUE, DENOMINATION SOCIALE, NUMERO DE REGISTRE DU COMMERCE ET DES SOCIETES, MONTANT DU CAPITAL**)

dont le siège social est situé à : _____

représentée par Monsieur (ou Madame) : _____

agissant en qualité de : _____ (**PAR EXEMPLE : « GERANT DE LA SOCIETE »**)

**D'UNE PART,**

ET

Monsieur (ou Madame) : _____ (NOM ET PRENOMS)

demeurant à : _____

né(e) le : _____

de nationalité : _____

**D'AUTRE PART,**

IL A ETE CONVENU CE QUI SUIT :

ARTICLE I - MOTIF

Monsieur (ou Madame) _____ est engagé(e) par l'entreprise dans le cadre de la formation à l'habilitation à la maîtrise d'œuvre en son nom propre (HMONP).

cf. convention tripartite.

ARTICLE II - EMPLOI OCCUPE

Monsieur (ou Madame) _____ est employé(e) en qualité d'architecte diplômé d'État, suivant le coefficient hiérarchique _____ (**CONVENTION COLLECTIVE, MINIMUM 230**).

Il (ou elle) aura pour missions _____

(**DEFINIR L'EMPLOI A OCCUPER, LES POUVOIRS ACCORDES A L'INTERESSE...**), en vue de sa mise en situation professionnelle pour l'obtention de l'habilitation à la maîtrise d'œuvre en son nom propre.

## ARTICLE III - DUREE

Le présent contrat qui prend effet le _____ à _____ heures est conclu pour une durée de _____ et prendra fin de plein droit et sans formalité le _____

## ARTICLE IV - RENOUVELLEMENT

Le présent contrat pourra être renouvelé une fois pour une durée qui n'excédera pas _____ (**LE NOMBRE DE MOIS OU DE JOURS**), si les parties contractantes le souhaitent.

Dans ce cas, l'entreprise proposera à Monsieur (ou Madame) _____ un avenant pour fixer les conditions du renouvellement dans (**LE MOIS, LA QUINZAINE, LA SEMAINE...**) précédant la fin du contrat de travail.

## ARTICLE V - PERIODE D'ESSAI

Le contrat ne deviendra définitif qu'à l'issue d'une période d'essai de _____, au cours de laquelle chacune des parties pourra rompre le contrat sans indemnité.

## ARTICLE VI - LIEU DE TRAVAIL

Le lieu de travail est situé à _____

## ARTICLE VII - DUREE DU TRAVAIL

En fonction de l'accord des deux parties.

## ARTICLE VIII - REMUNERATION

En contrepartie de ses fonctions, Monsieur (ou Madame) percevra une rémunération brute mensuelle de _____ euros (**LE MONTANT EN CHIFFRES ET EN LETTRES**) pour un horaire hebdomadaire moyen de _____ heures. Elle lui sera versée à la fin de chaque mois civil.

## ARTICLE IX - INDEMNITE DE FIN DE CONTRAT

A la cessation de ses fonctions dans l'entreprise, Monsieur (ou Madame) _____ ne percevra pas d'indemnité de fin de contrat. Cette obligation n'est pas requise lorsque l'employeur s'engage dans un complément de formation (cf. code du travail, articles D121-1et L122-2).

## ARTICLE X - RUPTURE ANTICIPEE POUR FAUTE GRAVE OU FORCE MAJEURE

Chacune des parties se réserve mutuellement le droit de mettre fin au contrat immédiatement en cas de faute grave de l'autre partie ou de force majeure.

Fait en double exemplaire,

Fait le _____

A _____

(**SIGNATURES DE L'EMPLOYEUR ET DU SALARIE PRECEDEES DE LA MENTION MANUSCRITE « LU ET APPROUVE »**)

ATTENTION : Les pages du contrat doivent être paraphées par l'employeur et le salarié.

---

| Lexique |
|---|

l'élément visuel *m.* 视觉元素

la spécification 规格

l'œuvre *f.* 工程

s'accommoder à *v.pr.* 符合

le corps d'état 工种

l'acteur *m.* 参与者

l'appui *m.* 支持

le profil （应具备的）条件

méthodique *a.* 有条理的

la structure juridique 公司性质

le capital 注册资金

engager *vt.* 聘用

tripartite  *a.* 三方的

l'emploi occupé  *m.* 工作岗位

le coefficient hiérarchique  级别系数

la convention collective  劳资协议

l'intéressé  *n.* 受聘者

la mise en situation  *f.* 实习实训

le renouvellement  续签

l'avenant  *m.* 补充协议

la période d'essai  试用期

la rémunération brute  毛收入

le mois civil  自然月

la rupture  终止

la force majeure  不可抗力

## Notes

1. CDD (contrat à durée déterminée) **固定期限工作合同**：与之对应的合同为长期合同，法语为 CDI（contrat à durée indéterminée）。

2. Alger **阿尔及尔**：阿尔及利亚首都。

3. L'élément visuel **视觉元素**：在建筑设计方面，视觉元素主要是指建筑的空间形态和立面形式，以及花台、喷泉、雕塑等、灯具、指示牌等元素。

4. L'ingénieur d'état **国家工程师**：建筑学硕士学位获得者，相当于 Bac+5。

5. La structure juridique **公司性质**：在我国，公司性质是指"国有企业"、"三资企业"、"私营企业"等类型。在非洲国家根据国家的不同，常见的有：SARL（有限责任公司），SAS（简易股份有限公司），SA（股份有限公司），SCS（两合公司）等公司性质。

6. RCS (registre du commerce et des sociétés) **工商注册登记**：设立公司须依法向公司登记机关申请设立登记，公司凭营业执照刻制印章，开立银行账户，申请纳税登记。

7. HMONP (habilitation à la maîtrise dzœuvre en son nom propre) **建筑设计专业硕士毕业生获取独立设计（执业）师资格的培训**：建筑专业毕业生如要取得 Permis de Construire（建设许可证）即独立设计（执业）师资格，在经过 Licence（3 年）及 Master（2 年）的建筑专业学习并毕业后，还需要和一家设计单位或建筑单位签订至少 6 个月的工作合同，并在履行合同期间按照学校要求到学校进行相应的课程培训，该至少 6 个月的阶段被称作 HMONP。另一方面，毕业生因此在该阶段应与学校和企业签订三方协议（la convention tripartite）。

8. cf. **参看**：cf. 为"confer"的缩写。

9. Le coefficient hiérarchique 级别系数：是指在对雇员的工资收入进行计算时所采纳的系数，该系数是根据岗位、技术等级、学历和文凭等确定的。

10. minimum 230：此处指最低级别系数为 230。

11. L'indemnité de fin de contrat 遣散费：当雇主同一位雇员终止雇佣关系的时候（并非指合同正常结束），向雇员支付的一次性补偿。

---

| Exercices |

**Traduire le tableau suivant en chinois.**

| Solutions Technologiques Industrielles Coopérative Enahda No 7. Birkhadem - ALGER Adhérent : 16.023.457.89 | | BULLETIN DE PAIE | | | |
|---|---|---|---|---|---|
| NOM : *** | | PERIODE : JANVIER 2017 | | | |
| MATRICULE | AFFECTATION | EMPLOI | | | |
| 280 612 | Sce MAINTENANCE | INGENIEUR TECHN. | | | |
| DATE D'ENTRE | CLASSIFICATION | No de Compte | | No de Sec. Soc. | Congé |
| 13 juin 2016 | C-3 | 027 276541244879583 | | 84 2786 0041 37 | |
| ELEMENT DE REMUNERATION | | BASE / MONTANT | TAUX / NBRE | VERSEMENTS | RETENUES |
| Salaire de base | | | | 45 000, 00 | |
| I.E.P. | | 45 000, 00 | 5% | 2 250, 00 | |
| Prime de rendement | | 45 000, 00 | 12% | 5 400, 00 | |
| Prime de responsabilité | | | | 9 500, 00 | |
| Prime de panier | | 200, 00 | 200 | 40 000, 00 | |
| IND. véhicule | | | | 5 000, 00 | |
| Femme au foyer | | | | 1 500, 00 | |
| Allocations familiales | | 600, 00 | 2 | 1 200, 00 | |
| Retenue mutuelle | | | | | 300, 00 |

| RET. avances sur salaire | | | | 20 000, 00 |
|---|---|---|---|---|
| | | | | |
| | | | | |
| Base S.S | 60 150, 00 | Retenue S.S | 5 593, 50 | NET A PAYER | 59 991, 50 |
| Base IRG | 101 556, 50 | Retenue IRG | 23 965, 00 | | |

**Lecture**

## Contrat de travail à durée indéterminée
(modèle à adapter : voir avertissement)

Entre les soussignés,

- L'entreprise _____, n ° d'identification _____, dont le siège est à_____

Représentée par _____ agissant en qualité de _____ d'une part,

- et M _____ n° de sécurité sociale _____, demeurant à_____, d'autre part,

Il a été convenu ce qui suit :

M_____, qui se déclare libre de tout engagement incompatible avec le présent contrat, est engagé à compter du _____ avec la qualification de _____ (**CLASSIFICATION DE LA CONVENTION COLLECTIVE**) pour tenir un emploi de _____

L'entreprise _____ a déclaré préalablement à son embauche M _____ auprès de l'URSSAF (ou de la MSA) de _____.

La convention collective applicable à l'entreprise est la convention collective _____.

Pour toutes les dispositions relatives à la relation de travail non prévues par le présent contrat, les parties se référeront à cette convention.

Le contrat ne deviendra définitif qu'à l'issue d'une période d'essai de _____ au cours de laquelle chacune des parties pourra rompre le contrat sans indemnité.

La durée hebdomadaire de travail de M _____ est fixée à

_____.

(Si le contrat est à temps partiel, faire figurer les mentions prévues à l'article L 212-4-3 du CT)

(S'il existe un horaire collectif dans l'entreprise, rédiger ainsi : « La durée hebdomadaire de travail est fixée conformément à l'horaire collectif affiché dans l'entreprise. A titre informatif, elle est de _____ heures. »)

Le salarié pourra être amené à effectuer des heures supplémentaires selon les conditions légales et conventionnelles en vigueur.

M _____ exercera ses fonctions à _____ (**PRÉCISER LE LIEU**)

M _____ bénéficiera des congés payés annuels dans les conditions prévues par la convention collective _____ (ou bénéficiera de _____ jours de congés payés)

M _____ percevra une rémunération brute de _____ (**EN CHIFFRES ET EN LETTRES**) par mois, qui lui sera versée à la fin de chaque mois civil.

A cette rémunération s'ajouteront _____ (**PRECISER LE CAS ECHEANT L'EXISTENCE DE PRIMES CONVENTIONNELLES OU INDIVIDUELLES, D'AVANTAGES EN NATURE ET INDEMNITES, FRAIS PROFESSIONNELS...**)

M _____ bénéficiera de l'ensemble des lois sociales applicables, notamment en matière sécurité sociale et régimes de retraite complémentaire.

La caisse de retraite complémentaire est : _____ (**NOM ET ADRESSE**)

L'organisme de prévoyance est : _____ (**NOM ET ADRESSE**)

Fait en double exemplaire

A _____, le _____

(**SIGNATURES PRECEDEES DE LA MENTION MANUSCRITE « LU ET APPROUVE »**)

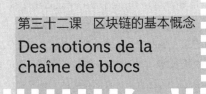

第三十二课　区块链的基本慨念
# Des notions de la chaîne de blocs

**La chaîne de blocs** (Voir Fig.1) est une technologie de registres partagés décentralisée. Le registre est une liste de transactions qui sont dupliquées sur un certain nombre d'ordinateurs, plutôt que d'être stockées sur un seul serveur central. Chaque transaction (ou souvent une suite de transactions sur une période donnée) est appelée un bloc ; chaque bloc possède un horodatage et est lié au précédent bloc. Ceci structure une chaîne de blocs, qui a trois avantages principaux :

区块链（见图一）是一种分布式共享记录技术。记录的内容为交易清单，并双向记录于一定数量的电脑中，不同于之前只存储在中央服务器中。每次交易（或在某个确定期间内的一系列交易）称为"区块"；每个区块有一个时间戳，并与上一个区块相连，从而构成"区块链"。其主要有三大优势：

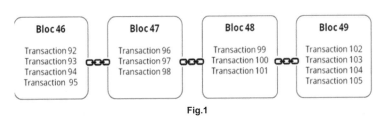

**Fig.1**

1. **Le registre décentralisé** (Voir Fig.2) signifie que la liste des échanges est stocké sur les serveurs de tous ses intervenants, pas sur le serveur central.

Chacun d'entre eux en possède une copie, qui est mise à jour en temps réel et vérifiée. Cela présente un registre infalsifiable et contrôlé par l'ensemble des contributeurs, et qui est en même temps ultra rapide d'accès et d'exploration.

**分布式记录**（见图二）是指交易记录存储在每个交易者的服务器中，而不是存储在某个中央服务器。每个参与交易的人都有一份记录，并且实时更新、可查。使记录避免被篡改，且每个参与者都可验证。分布式记录既可快速查阅，也可以为大家所享用（但存储在中央服务器就无法做到）。

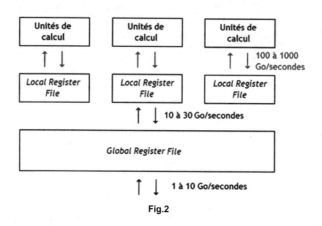

Fig.2

2. **La cryptographie asymétrique** (Voir Fig.3) est une méthode de chiffrement qui s'oppose à la cryptographie symétrique. Elle repose sur ltutilisation d'une clé publique (qui est diffusée) et d'une clé privée (gardée secrète), l'une permettant de coder le message et l'autre de le décoder. Ainsi, l'expéditeur peut utiliser la clé publique du destinataire pour coder un message que seul le destinataire (en possession de la clé privée) peut décoder, garantissant la confidentialité du contenu. Inversement, l'expéditeur peut utiliser sa propre clé privée pour coder un message que le destinataire peut décoder avec la clé publique ; c'est le mécanisme utilisé par la signature numérique pour authentifier l'auteur d'un message.

**非对称加密**（见图三）是相对于对称加密的一种加密方式。原理是采用公钥（公开发布的秘钥）和私钥（秘密保管的私钥）两种秘钥，一个用于为信息编码，另一个用于解码信息。因此，信息发送者用信息接收者的公钥为信息编码加密，而只有信息接收者才能够用其私钥解码，从而可以未 信息内容保密。相反，信息发送者可以用自己的私钥为信息加密，而接收者可以用公钥解码。这种技术多用于数字签名，以证明信息的真实性。

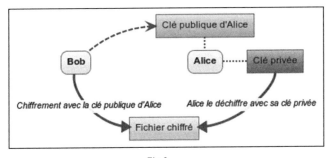

**Fig.3**

3. **Des contrats intelligents** (Voir Fig.4) sont des contrats qui s'effectuent d'eux-mêmes, conformément aux termes qui sont définis. Cela n'a besoin d'aucune intervention humaine; et personne ne peut y intervenir. Cela produirait une rétroaction du registre, comme le transfert d'argent et la réception du service ou du produit.

智能合约（见图四）是基于预先定义好的规则和条款可以自动执行的条约。无需任何人为干预，也无法干预。其自动反馈到记录，可自动执行诸如转款、验收服务或产品等工作。

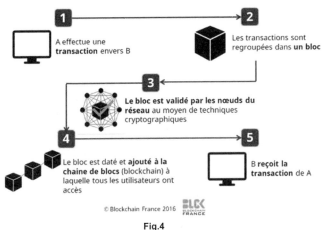

**Fig.4**

**Conclusion :** La technologie de la chaîne de blocs a été conçue à l'origine pour soutenir la cryptomonnaie bitcoin, mais elle est actuellement sous les feux des projecteurs en raison de ses nombreuses autres applications possibles, particulièrement en ce qui a trait aux marchés financiers et à la communication de l'information. En effet, s'ils étaient adoptés à grande échelle, les processus automatisés fondés sur la chaîne de blocs pourraient profondément transformer les façons de faire des affaires, d'échanger des renseignements et de présenter l'information.

**结语：** 设计区块链技术的初心是用于加密货币——比特币，但因其具有广泛的应用前景，目前吸引了很多人的关注，尤其是可用于金融市场和信息通讯。事实上，建立在区块链上的自动程序，如果得到大范围应用，将颠覆性地改变贸易、情报交换和信息提供的方式。

## Notes

### 1. 区块链三大优势？

（1）分布式

有事件，就有数据。互联网数据为网络服务商统一记录和掌控利用。如百度搜索记录。

区块链被设计为每个参与人（节点）都记录存储数据。节点存储的数据包含之前的数据源，从而形成一个链。再比如，提交作业，批改作业，评选先进……，数据分别存储于学生、教师和辅导员的节点，而不是存在教务处，这就是分布式。而非集中式。其好处：避免篡改；共同享用；可计算贡献；降低信用成本。

（2）非对称加密与授权技术

存储在区块链上的交易信息是公开的，但是账户身份信息是高度加密的，只有在数据拥有者授权的情况下才能访问到，从而保证了数据的安全和个人的隐私。

（3）智能合约

智能合约是基于这些可信的不可篡改的数据，可以自动执行一些预先定义好的规则和条款。以学位颁发为例，智能合约会自动计算学分并颁发学位，无需任何人为干预，也无法干预，从而避免学位证作假。同时任何人都可以查询。

### 2. 区块链前景？

（1）区块链技术未来用途广泛，但目前区块链基础技术还不成熟，还有很长的路要走。

（2）目前仅仅用于 ICO（首发币）和虚拟货币交易，虽然比较局限，但正是热钱涌入加密货币，推动了区块链技术的研发，为区块链的更广泛应用打下了基础。

（3）加密货币目前热度很高，但未来难料。不过加密货币所依托的区块链技术必将繁荣。

## 3. 什么是非对称加密技术？

在应用了区块链的电子业务中，下一节点在接手电子业务时必定验证前一个节点数字签名的真伪。数字签名通过数字摘要技术把交易信息缩短成固定长度的字符串。然后用自己的私钥对摘要进行加密，形成数字签名。完成后，下一节点用公钥进行验证，如果验证成功，说明该电子业务确实是签名人发出的，且信息未被更改。数字签名加密的私钥和解密的公钥不一致，所以称为"非对称加密技术"。保护了签名人的隐私。

## 4. 什么是哈希计算？

在通过"挖矿"得到比特币的过程中，我们需要找到其相应的解，而要找到其解，并没有固定算法，只能靠计算机随机的哈希碰撞。这就是"哈希计算"。

在 Edublockchain 中，哈希计算可能就是编撰教案，完成作业，设计方案。达到要求，就相当于哈希计算的正解。

哈希算法：安全散列算法（Secure Hash Algorithm，缩写为 SHA），是经认证的安全散列算法。能计算出一个数字消息所对应到的长度固定的字符串（又称消息摘要）的算法。且若输入的讯息不同，它们对应到不同字串的机率很高。

## 5. 什么是时间戳？

时间戳能表示一份数据在某个特定时间之前已经存在的、完整的、可验证的数据，通常是一个字符序列，唯一地标识某一刻的时间。

区块的链接顺序正是以时间戳为依据。

时间戳被广泛地运用在知识产权保护、合同签字、金融帐务、电子报价投标、股票交易等方面。

## 6. 什么是平台类区块链项目？

简单地说，平台类应用让开发者可以在区块链上直接发行数字资产、编写智能合约等。智能合约就是在区块链数据库上运行的计算机程序，可以在满足其源代码设定条件下自行执行。

举个例子，开发者在区块链上开发一个基于教案编写的智能合约，当需方收到合格教案时就会触发自动执行，并将给予一定 Edutoken（教育类权益）。

平台类区块链项目的主要功能是建立底层的技术平台，让开发者在底层技术平台上做应用开发，相当一部分平台尚处于开发状态当中，截止到 2018 年 1 月份，市值最大的是以太坊。

### 7. 什么是 Token？

Token 是一种数字化的价值载体，是权益证明。如 Q 币，在中心化的系统中也可以发行，不是区块链所特有。

从技术上说，区块链和 token 是可以完全分开。但 token 结合上区块链，就能通过加密算法和分布式账本来确定真伪，以及资产的唯一性，并通过共识算法进行流通。

区块链作为下一代互联网，作为价值网络，没有 token 是不可想象的。而没有区块链技术作为防伪和流通的 token，也是有重大缺陷的。

只有结合上区块链的 token，才具备三要素：a. 数字权益证明；b. 加密；c. 可流通。

### 8. 什么是共识机制？

由于点对点网络下存在较高的网络延迟，各个节点所观察到的事务先后顺序不可能完全一致。因此区块链系统需要设计一种机制对在差不多时间内发生的事务的先后顺序进行共识。这种对一个时间窗口内的事务的先后顺序达成共识的算法被称为"共识机制"。

目前主要的共识机制有工作量证明机制 PoW 和权益证明机制 PoS。

---

### Exercices

**1. 区块链未来可能用于工程技术项目的那个方面？为什么？**

### 2. Traduire les définitions suivantes en chinois.

**Bitcoin** : Crypto-monnaie décentralisée créée en 2009 par le(les) mystérieux(x) Satoshi Nakamoto. Bitcoin est à la fois une devise et un protocole/système de paiement.

**Clé privée/publique** : Système cryptographique asymétrique utilisé pour le fonctionnement des blockchains en particulier la création de compte/wallet (clé privée) et d'adresses (clé publique) ainsi que pour la signature, l'autorisation et la validation des transactions.

**Consensus :** Quand la plupart des nœuds et participants du réseau ont les mêmes blocs avec le même contenu, celui qui est dans la chaîne la plus longue est valable.

**Preuve de travail (proof of work) :** Processus liant la capacité de minage à la puissance de calcul à travers la résolution d'un problème cryptographique complexe. Trouver la solution à ce problème pour un bloc de transactions demande un certain temps et beaucoup d'effort de calcul d'où son nom de preuve de travail.

## Lecture

**Altcoin :** Toutes les crypto monnaies qui ne sont pas bitcoin. Certaines sont de simples clones (litecoin) d'autres complètements différents (Monéro, Ethereum, Zcash).

**Bitcoin :** Crypto-monnaie décentralisée créée en 2009 par le(les) mystérieux Satoshi Nakamoto. Bitcoin est à la fois une devise et un protocole/ système de paiement. Plus d'info sur notre page bitcoin.

**Blockchain privée :** Utilisation en partie de la technologie blockchain mais en permettant au propriétaire de la blockchain de garder un certains contrôle sur les réseaux. Le terme tant à disparaitre pour aller vers ledger distribué (distributed ledger) ou base de données. Hyperledger and R3 travaillent sur ce concept.

**Blockchain publique :** Blockchain ouverte à tous, sans permissions et sans autorité centrale. Bitcoin, Monero et Ethereum sont des exemples de blockchains publiques. Pour le moment, le seul type de blockchain avec de réelles applications.

**Chaine de bloc (blockchain) :** Un mot, des dizaines (centaines) de définitions. Dans le monde bitcoin, la blockchain est le ledger où sont enregistrées toutes les transactions depuis le début du réseau. Ces transactions sont regroupées dans des blocs qui sont cryptographiquement liés (chainés) les uns aux autres. Le mot a évolué pour regrouper toute la technologie derrière bitcoin (blockchain + consensus, minage, etc.).

**Clé privée/publique :** Système cryptographique asymétrique utilisé pour le fonctionnement des blockchains en particulier la création de compte/wallet (clé privée) et d'adresses (clé publique) ainsi que pour la signature, l'autorisation et la validation des transactions.

**Consensus :** Quand la plupart des nœuds et participants du réseau ont les même blocs avec le même contenu dans la chaine la plus longue.

Contrat intelligent (smart contract) : Contrat qui s'exécute lui-même sans intervention extérieur. Exemples : les multi-signatures dans bitcoin ou the DAO écrit dans Ethereum.

**Ethereum :** Plateforme décentralisée qui utilise une chaine de blocs. Souvent qualifié de blockchain 2.0 car elle introduit la notion de contacts intelligents avancés. Sa monnaie est l'Ether.

**Ledger distribué (distributed ledger) :** Un registre de données répliqué, partagé et vérifié (par consensus) sur un réseau distribué à travers plusieurs zone géographiquement (pays/régions ou même corporatif).

**Minage :** Processus de création de crypto-devise, qui permet de vérifier les dernières transactions puis de les ajouter dans de nouveaux blocs à la blockchain. Le processus consiste à récompenser un participant (mineur) qui réussit à résoudre un problème cryptographique le premier.

**Preuve de travail (proof of work) :** Processus liant la capacité de minage à la puissance de calcul à travers la résolution d'un problème cryptographique complexe. Trouver la solution à ce problème pour un bloc de transactions demande un certain temps et beaucoup d'effort de calcul d'où son nom de preuve de travail.

**Mineur, agent, nœud :** les mineurs et agents sont en général des personnes qui participent au réseau avec leur matériel informatique. Lorsqu'un utilisateur héberge l'intégralité de la Blockchain, il peut être considéré comme un nœud sur le réseau. A savoir que l'on peut utiliser la Blockchain en client léger sans forcément télécharger l'intégralité de l'historique.